野生動物学者が教える

キツネのせかい

塚田 英晴 著

緑書房

キツネのからだ

［写真提供：キツネ写真館 CONTA氏（*を除く）］

口絵１　ホンドギツネ（正面）

口絵３
ホンドギツネの横顔
イヌよりも鼻の先がとがる。耳の裏は黒い。

口絵４＊
キタキツネの横顔
キタキツネは、鼻づらの横に黒いぶちがある。

口絵２
ホンドギツネの顔
大きな耳は小さな音を聞き分けるのに役立つ。目は黄金色。

※野生鳥獣の捕獲および鳥類の卵の採取は、「鳥獣の保護及び管理並びに狩猟の適正化に関する法律（鳥獣保護管理法）」により、原則禁止されています。上記個体（口絵１～３、５～８）は野生保護個体で、適正な許可を受けた上で飼育しています。

口絵５　ホンドギツネ（側面）

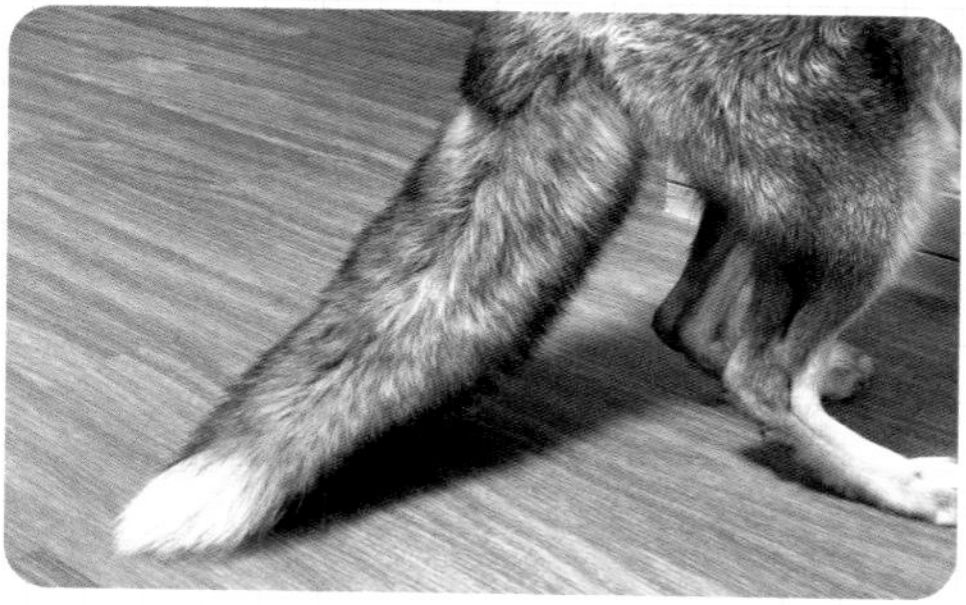

口絵６
ホンドギツネのしっぽ
しっぽの先は白い。

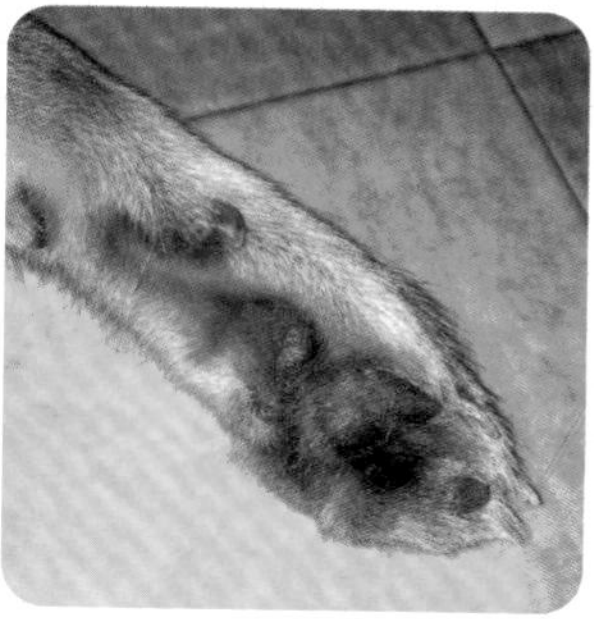

口絵８　ホンドギツネの足の裏
キツネは走るのが得意。爪と肉球はスパイクの役割をしている。

口絵７　ホンドギツネ（背面）
長いしっぽは、ジャンプをするときに姿勢を安定させるのに役立つ。

ホンドギツネ

日本では本州・四国・九州に生息

口絵9
夏毛のホンドギツネ（上）

口絵10
冬毛のホンドギツネ（右）
ホンドギツネとキタキツネは毛色がやや異なり、ホンドギツネは薄灰色がかったオレンジ色。ただし、毛色にはかなりの個体差がある。

キタキツネ

日本では北海道に生息

口絵11
夏毛のキタキツネ（上）

口絵12
冬毛のキタキツネ（右）
キタキツネはオレンジから黄色のあざやかな色合いで、足先の前の方が黒いことが多い。また、キタキツネの方がややフワフワとした冬毛をもつ。

換毛中

口絵13
換毛中のキタキツネ
足の方は夏毛だが、しっぽや胴体に冬毛が残る。

さまざまな毛色

口絵14　十字ギツネ
黄色の毛に黒色がまざり、背中には黒いすじが十字に入る。
（提供：村上隆広氏）

口絵15　ギンギツネ
黒い毛をもつキツネはギンギツネと呼ばれる。（提供：村上隆広氏）

口絵16
白い毛がまざった
ギンギツネ
白い毛がまざったギンギツネはまさに銀色に輝いて見える。キツネは昔から、こうした美しい毛皮を利用しようとする猟師に狙われてきた。

キツネの行動

歩く・走る

口絵17　歩く
細くて長い足をもつキツネは、軽快にトコトコと歩く。

口絵19　小走り
歩いたり、小走りをしているときは時速6～13km程度。一方、全速力で走ると時速72kmにもなるといわれている。

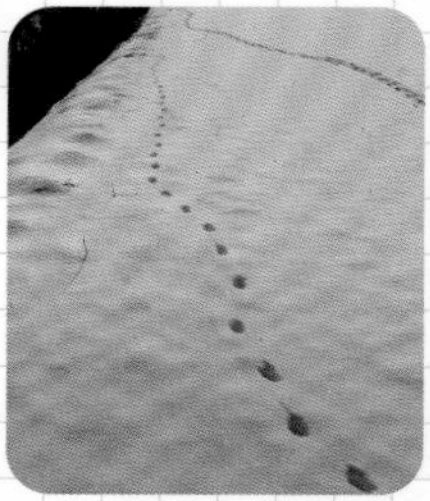

口絵18
キツネの足跡
キツネの足跡は一直線につく。これは前足の跡の上に、後ろ足をのせて歩くため。（撮影：筆者）

食べる

口絵20
魚を運ぶキツネ
キツネは雑食性。哺乳類、昆虫、果物などの他、鳥類や魚類、人の食べものの残りなど、さまざまなものを食べる。
（提供：キツネ写真館CONTA氏）

狩る

口絵21
狩りのジャンプ
獲物を狙ってななめ上向きにジャンプし、頭から草やぶにつっ込む。

口絵22　雪原での狩り
獲物が立てる音で位置を把握。狙いを定めてジャンプし、雪の下にいる獲物を狩る。

JUMP!

口絵23　ネズミを捕まえたキツネ
ネズミ類は好物だが、トガリネズミやヒミズ、モグラのなかまは捕まえても食べないことが多い。

ねむる

口絵24
睡眠中のキツネ
キツネは夜行性。基本的に昼間は睡眠の時間。

口絵25
のびとあくびをするキツネ
目が覚めると、屈伸運動をするかのように、まずは前足を、次に後ろ足をのばす。
（提供：Cheng-Ren氏）

のび・あくび

排泄とマーキング

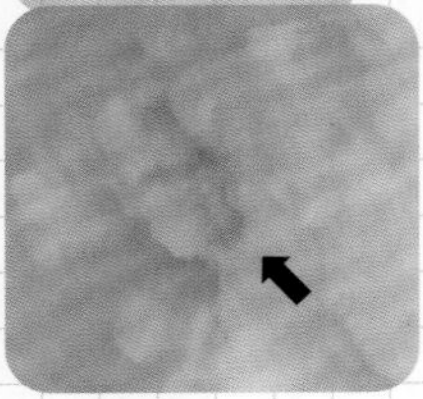

口絵27
メスのキツネの尿
キツネは尿をにおいづけに使い、１日に何度も出す。
（撮影：筆者）

口絵26　**尿をするメスのキツネ**
オスは片足をあげて、メスはしゃがんで排泄をする。
（撮影：筆者）

発情・交尾

口絵28　交尾前のメスとオス
発情したメスをオスがつけまわし、メスのおしりやわき腹を前足でつついて交尾に誘う。メスは鳴きながら後ろ足で立ち上がり、オスをつき返す。この一連の流れを繰り返しながら、やがてメスがオスを受け入れ、交尾をする。

口絵29　交尾結合
交尾をした2頭のキツネがおしりをつけたままつながり、数分から数十分すごす。確実に受精させることや、異なるオスと交尾できないようにすることが目的だと考えられている。
（提供：Cheng-Ren氏）

子育て

口絵30
親にじゃれつく子ギツネ
キツネは一度に３～５頭の子を産む。巣穴から出られるようになったばかりの子ギツネたちは親にかまってもらいたいさかり。

口絵31
授乳の様子
母ギツネは、まわりを警戒しながら立ったまま乳を与える。（撮影：筆者）

遊ぶ

口絵32
巣穴近くで遊ぶ子ギツネ
好奇心旺盛な子ギツネは探検好き。巣穴のまわりの水場で、きょうだいたちとじゃれ合いながら遊ぶ。（撮影：筆者）

子ギツネの成長

口絵33　4～5週齢ごろ
顔が丸く、まだあどけない。目は水色、毛は灰色がかったこげ茶色。

口絵34　5～8週齢ごろ
すこし鼻がとがり、耳も大きくなってきた。
（提供：Cheng-Ren氏）

口絵35　10～12週齢ごろ
灰色の毛が薄れ、黄色がかってきた。鼻面ものび、キツネ顔に。目も黄金色に変化。
（提供：Cheng-Ren氏）

口絵36　12週齢以降
産毛が抜け、ぐっと四肢がのびて、おとなのキツネと同じ姿に近づく。

世界のキツネのなかま

口絵38　オオミミギツネ
2015年７月まで飼育されていた個体。なお、2023年12月現在、東山動植物園でオオミミギツネの飼育はしていない。
（提供：名古屋市東山動植物園）

口絵37　フェネックギツネ
（提供：名古屋市東山動植物園）

口絵39　ホッキョクギツネ
2023年４月まで飼育されていた個体で、左は夏毛、右は冬毛。なお、2023年12月現在、旭山動物園でホッキョクギツネの飼育はしていない。
（提供：旭川市旭山動物園）

口絵41　ハイイロギツネ

口絵40　チベットスナギツネ
（撮影：筆者）

はじめに

「キツネという動物を知っていますか？」と聞かれたら、あなたはどう答えますか？　おそらく「はい」と答える方が多いのではないでしょうか。日々の暮らしの中で、私たちはキツネをイメージさせるさまざまなものや、できごとに出会っています。例えば、うどんをはじめとした食べものだったり、キャラクターだったり、はたまたダンスのモチーフだったり。私たちにとってキツネは、とても身近な動物のひとつです。

でも、「キツネって、どこに住む、何のなかまだっけ？」とあらためて聞かれたらどうでしょう。「えーっと、山に住んでいて……似ているし、イヌのなかまかな……」など、答えるのに一苦労するのではないでしょうか。身近な動物とはいえ、多くの人がもつキツネの知識は、このように意外とあいまいで漠然としたものにとどまっているように思われます。

一方で、北海道に暮らす皆さんにとっては、キツネはよく見かける動物かもしれません。ハトやカラスとまではいかないものの、自宅や旅先でキツネに出会ったり、もしかしたら、庭を荒らされてこまっていたり、病気をうつされるのではと心配されたりする方もおられることでしょう。ところ変われば、キツネに関する経験や知識もさまざまであり、キツネに対して抱くイメージも違っているかもしれません。

本書は、キツネのことをくわしくは知らない人や、キツネに興味があり、どんな動物なのかをもっと知りたい人に向けて、キツネに関する情報をわかりやすく解説したものです。また、キツネに接する機会があるけれど、どのように付き合っていけばよいかわからず、とまどっている人にとっても、その答えを考える手がかりになればと思い、執筆しました。

この本では物語や映画、アニメーションなど、イメージの世界で語られるキツネから、野生動物としてのキツネの生物学的特徴やその生態、さらには人との関わりの中で問題となる農作物被害や感染症まで、幅広くキツネに関する話題を取り上げています。また、美しい写真やわかりやすいイラストをたくさん盛り込みましたので、パラパラと眺めていただくだけでも楽しめる一冊になっていると思います。

筆者の自己紹介をすこしさせていただくと、現在、神奈川県のとある大学で教員を務め、野生動物について教えています。動物の行動学や生態学が専門で、キツネに関する研究で博士号を取得しました。キツネの研究は、大学3年生のとき（1989年）からはじめているので、かれこれ30年以上にわたり、キツネと関わっていることになります。キツネに関する研究キャリアとしては、比較的長い部類に入るでしょう。本書を通じて、私がキツネと奮闘してきた経験と知識の一端をお届けし、皆さんがキツネのことをより深く理解し、キツネとのよりよい付き合い方を見つけることができれば幸いです。

目次

第1章 キツネのイメージ考

第2章 キツネのキホン

第3章 キツネの食事

第4章 キツネの社会

第1章 キツネのイメージ考

さて、まずは物語や映画などの世界で描かれるキツネから、私たちがキツネにもつイメージを考えてみましょう。そこには、当時のキツネと人との関係や、キツネの生態的な特徴がかくされているはずです。

1 キツネの昔ばなしと化けるキツネ

昔ばなしの中のキツネたち

昔ばなしには多くの動物が登場します。「桃太郎」、「浦島太郎」、「さるかに合戦」、「かちかち山」、「ぶんぶく茶釜」といった話が有名どころでしょうか。キツネはこうした有名な話には出てこないものの、多くの昔ばなしに登場する動物のひとつです。

関敬吾《せきけいご》さんという民俗学者が、日本の昔ばなしを集めて、『日本の昔ばなし』という3巻の本にまとめています。これらの本には、先にあげた有名なものも含めて実に231もの話がのっているのですが、キツネが出てくるものを数えてみると、17話ありました。「桃太郎」や「さるかに合戦」に出てくるサルは16話、「かちかち山」や「ぶんぶく茶釜」などに出てくるタヌキは8話でしたから、サルやタヌキよりも多いくらいです。キツネが、私たち日本人にとって、とても身近な動物として親しまれてきたことがわかります。

民話の研究者である櫻井徳太郎《さくらいとくたろう》さんによると、動物が出てくる昔ばなしは、①動物そのものについての話、②人間を動物にたとえた話、③動物が化ける話、④動物が恩返しをする話の4つのグループに区別できるといいます。キツネが出てくる17の話をこれら４つに分類してみると、③の化ける話が最も多く、17話のうち11話もありました。これは、昔ばなしに多く出てくるサルが、16話中12話で「そのままの動物」として語られていることとは大きく異なります。反対に、サルの場合は化ける話は1話だけです。このように、キツネは昔から化ける動物として語られてきたといえます。

キツネのことに触れた日本で最も古い文書は、７２０年ごろに成立した『日本書紀』です。『日本書紀』は日本の歴史をまとめた本ですが、２ヵ所にキツネが出てきます。白いキツネがいたことと、クズという植物でできた縄をキツネが噛み切ったということが書かれています。わざわざ白いキツネがいたと書き残していることから、普通のキツネは白くはないと当時の人たちも十分に理解していたことがうかがえます。この本で触れられているキツネは、なにかを知らせる〝前触れ〟となるものと考えられていたようです。

その後も、８８7年までの日本の歴史をまとめた『六国史《りっこくし》』※1と呼ばれる古い書物などの中に、キツネはたびたび出てきます。それらには、当時の貴族が住んでいた屋敷にあらわれて、鳴き声を聞かせたり、尿を残したりしたことや、キツネの死体が見つかったこと、さらにはキツネを捕まえたりしたことなどが記されていました。そしてここでも、キツネという動物はやはりなにかを知らせる〝しるし〟として捉えられていたようです。こうした記述からは、当時からキツネが人の暮らす場所のすぐ近くに生息する、身近な動物だったことがわかります。

中国からやってきた化けるキツネ

景戒《きょうかい》というお坊さんが822年ごろにまとめた『日本霊異記《にほんりょういき》』※2という書物では、昔ばなしで語られてきた〝化ける〟キツネの原型が日本で初めて登場します。この本は、仏教の教えを物語のかたちでまとめたものです。全112話のうち、化けるキツネの話が2話、人とキツネの間に生まれた子の話が1話、キツネが人にとり憑《つ》く話が1話、さらに、キツネがなにかの予兆を知らせる話が1話出てきます。仏教自体は、6世紀ごろに中国から日本にやってきたものです。仏教の話の中で初めて出てきた化けるキツネが、その後、日本の昔ばなしに多く登場するということは、中国から伝わってきた文化がキツネのイメージをかたちづくるのに大きく影響したと考えてよいでしょう。

中国では、紀元前4世紀から3世紀ごろの伝説をまとめた『山海経《せんがいきょう》』という本の中に、キツネが出てきます。そこでは、9つの尾をもち、赤ん坊のような声で鳴いて人を食べる化けもの、いわゆる「九尾《きゅうび》の狐《きつね》」として描かれています。このようなキツネの化けものは2種類いて、頭が1つのものと、9つのものだといわれています（**図1-1**）。さらに、この九尾の狐は、紀元前2世紀ごろの『呂氏春成《りょししゅんじゅう》』や、200年ごろの『呉越春秋《ごえつしゅんじゅう》』といった本の中では、女の人に化けて男の人と結婚しています。そして、200年から300年ごろに書かれたとされる『玄中記《げんちゅうき》』では、次のようにキツネの化ける様子がはっきりと記されています。「キツネは50歳になると女の人に化けることができ、100歳では美女や巫女《みこ》に化ける。男の人にも化けて、女の人と結婚もする。千里※3も離れた場所で起きていることを知ることができ、人間を惑わして呪い殺す。1000歳になると、天に仕えて〝天狐《てんこ》〟になる」

このように古代の中国では、キツネはとてもあやしげな化けるものとして考えられてきました。こうした話が日本に伝わり、キツネの化ける話が生まれてきたといえます。とはいえ、実際

図1-1　九尾の狐
女性に化けていた九尾の狐が正体を見抜かれ、飛び去る様子が描かれている。
（高井蘭山、「絵本三国妖婦伝 中編」、国立国会図書館デジタルコレクションより）

に身近な動物としてキツネに接していた昔の日本の人たちが、キツネが化ける話に納得することがない限り、こうした言い伝えが後々まで書き残されるとは考えにくいでしょう。そこには、昔の日本の人たちのキツネに対する考え方が反映されていたはずです。

『日本霊異記』の中のキツネ

話を日本にもどすと、『日本霊異記』に出てくるキツネは、女の人に化けて男の人と夫婦になり、子どもをもうけます。しかしイヌに吠えられて正体がばれてしまい、一緒に暮らせなくなります。そして、恋の歌を書き残して去っていきます。この話が、後に「信太《しのだ》の狐」や「狐女房」として語られる有名な物語のもとになったようです。たしかにキツネは、イヌと仲の良い動物ではないのですが、この当時から、そのことが十分に認識されていたことがわかります。書かれた話のところどころに、動物としてのキツネの特徴が反映されています。

また、『日本霊異記』には、鷹狩りの際に子ギツネを殺された母ギツネが、殺した人の老母に化けて、その人の子どもを殺してしまう話もあります。このように人に危害をくわえる恐ろしい生きものがキツネとされているのですが、こうした「もののけ」、すなわち妖怪としてのキツネのイメージが、すでにかたちづくられていたことがわかります。また、殺されたキツネが人にとり憑いて、病気を引き起こす話も出てきます。これなどは、いわゆる「キツネ憑き」

と呼ばれるものの原型といえるでしょう（→**コラム1**）。

さらに、著者である景戒さんの体験談として、キツネは予兆を知らせるものとしても取り上げられています。ある意味、神の使いとしての存在でしょうか。ある4～5月ごろ、景戒さんは家の近くでキツネの鳴き声を聞きます。そして、故郷のお寺にキツネが巣をつくって、仏壇にフンをしたことを耳にします。さらに、昼間に家に向かってキツネが鳴くのを聞いたところ、その年の12月に自分の息子が亡くなってしまいました。さらに2年後の11～12月にキツネが鳴いたのを聞いたところ、翌年の1月に自分のウマが死亡した、と記されています。このようにたまたま時期が重なって起きたできごとが、キツネと関係があることのように捉えられていたといえます。とりわけ、キツネの声は強く印象に残るようです。

キツネは通常、春に巣穴で子どもを産みますが、4～5月には巣穴から子ギツネたちが出てくるようになります。子育て中の親ギツネは、子どもたちに危険を知らせるため、よく大きな声を出します。景戒さんが聞いたのも、こうした子育てをするキツネの声だったのかもしれません。また、お寺にキツネが住んでいたわけですから、この話からも、当時から人の暮らす場所のすぐ近くにキツネが住み、子育てをしていたことがわかります。

さらに、キツネの鳴き声を秋から冬にかけて聞いていますが、これなども、キツネ同士が争って出す声や、繁殖のために大きな声を出す時期と一致しており、実際のキツネの生活の様子をよく捉えたものだったといえるでしょう。

※1　奈良・平安時代にまとめられた国の歴史書の総称。『日本書紀』『続日本紀《しょくにほんぎ》』『日本後紀』『続日本後紀』『日本《にほん》文徳天皇実録《もんとくてんのうじつろく》』『日本三代実録』からなる。
※2　古代より伝えられてきた話を集めてまとめた日本最古の仏教説話集。正式名称は『日本国現報善悪霊異記《にほんこくげんほうぜんあくりょういき》』。
※3　尺貫法での距離の単位。千里は約3930kmに相当する。

2

なぜキツネは〝化ける〟のか

キツネが〝化ける〟のは、６世紀ごろの仏教の伝来とともに、中国から伝わった話が影響したと考えられると前述しました。一方、その後もキツネは人に化けて人と交流し、あるときは人をだましていたずらをしたり、さらには人にとり憑いて苦しめたりもする存在として語られるようになっていきます。このように「キツネが化ける」という考え方が定着していった背景には、キツネという動物がもつ、いくつかの行動や生態の特徴が影響していたように思われます。

女の人に化ける

キツネはよく、女の人に化けます。「狐女房」という昔ばなしでは、ある男がキツネの命を助けたのちに、女の人に化けたキツネが正体をかくしてあらわれ、その男の妻になって子どもを産みます。その子どもが、母親がしっぽで掃除をする姿を見て、それを父親に知らせます。すると化けていたキツネは、「恋しくば　尋《たず》ね来てみよ和泉《いずみ》なる　信太の森の　うらみ葛の葉」と書いた手紙を残して家を出ていきます（**図１－２**）。父親が子どもを連れて信太の森へ行くと、キツネは母親の姿であらわれて子どもに乳を飲ませ、そして正体をあらわした後で姿を消します。

実際のキツネは、体重が5kg程度、鼻先からしっぽの先までが1mほどしかない小ぶりの動物です。こんな動物を女の人に見まちがえることがあるのでしょうか。しかし、実際に筆者は、暗がりの中で動くキツネの姿を、思った以上に大きな生きものに見まちがえたことがあります。そもそも暗がりの中だと、対象までの距離がわかりにくいものです。そして見まちがえたのは、キツネが好物のネズミを捕まえるのに大きくジャンプして、「ガサッ」という音を立てたときでした。キツネが弧を描いて跳ぶのを遠くから眺めてみると、人の姿にも似た不思議な形に見えるものです。試しに、キツネがネズミを捕るためにジャンプしている写真を加工して、シルエットだけにしてみました（**図1-3**）。

20個ほどならべてみたのですが、女の人の姿に見えなくもない気がします……。皆さんはい

図1-2　女性に化けたキツネ
わが子に別れを告げる母親と母親にすがる子どもの姿が描かれている。
（月岡芳年、「新形三十六怪撰　葛の葉きつね童子にわかるゝの図」、国立国会図書館デジタルコレクションより）

かがでしょうか。

現代のように灯《あか》りがこうこうと照らされていない暗がりの中で、「ガサッ」という音とともにこのようなキツネの姿を見たら、女の人と見まちがえたりすることもあったのではないでしょうか。昔の俳文に「幽霊の正体見たり枯れ尾花」というものがありますが、まさに、女性の人影に見えたものが実はキツネだったという経験が、化けるキツネのイメージを強めていったように思われます。

また、キツネは比較的よく鳴く動物ですが、その鳴き声も女性の悲鳴を連想させます。2頭のキツネが出会ったときには「ギャッギャッ」といった繰り返し音や、「キュァァーン」といった高くて甘

図1-3　積雪期にキツネがジャンプする姿のシルエット

い声を出したりします。子育て中などに親ギツネが子ギツネに危険を知らせるために発する、「ヴォーン」とか「ヴァーン」といった大きな鳴き声などは、聞いた人たちを不安な気持ちにさせて、化けもののような印象を抱かせます。

地蔵や墓石に化ける

キツネは人だけでなく、他のものにも化けます。例えば、「狸《たぬき》と狐」という昔ばなしでは、タヌキとキツネが化けくらべをします。はじめにキツネが地蔵に化けると、それにまんまとだまされたタヌキが、地蔵におにぎりを供えます。そしてその供えたおにぎりをキツネに食べられてしまいました。タヌキは仕返しのため、「殿さまの行列に化けるから」とキツネにウソをつき、だまされたキツネは本当の行列の前に姿をあらわして、殺されてしまいます。

もちろん、実際のキツネは地蔵などに化けることはありませんが、地蔵や墓石などに供えられた食べものの盗み食いはよくしています。また、筆者が、北海道の札幌市や江別市の市街地に生息するキツネを調べた際には、キツネが墓地の敷地内に巣穴をつくって暮らしていることがわかりました。そもそも、地蔵が置かれている道ばたや墓地などは人里からやや離れた場所にあり、人通りもそれほど多いとはいえないさみしげなところです。キツネにとっては、安心して暮らせる場所なのでしょう。

このように地蔵があるところの近くや墓地で暮らすキツネたちを見かけたとき、たまたま、地蔵や墓石の後ろにかくれたキツネのしっぽだけ見えることがあったのかもしれません。するとどうでしょう。地蔵や墓石にキツネが化けているように思えませんか（**図1-4**）。なんとなく心細さを感じさせる、地蔵が置かれた場所や墓地の暗がりの中で、しっぽが生えたように見える地蔵や墓石を見かけたら、おそらく「ぎょっ」としたのではないでしょうか。そんな強烈な経験が、キツネが化けるという物語の信憑性を高めていったのかもしれません。

狐火の正体

最後にもうひとつ、キツネの怪異として語られることの多い狐火《きつねび》についても考えてみましょう。狐火は、人気《ひとけ》のないところで光るあやしげな発光体のことです。江戸時代の作家、西沢一鳳《にしざわいっぽう》さんが書いた『皇都午睡《みやこのひるね》』では、「狐火だといって遠くから見ると青い光が燃えては消えることがある。ある人がいうには、

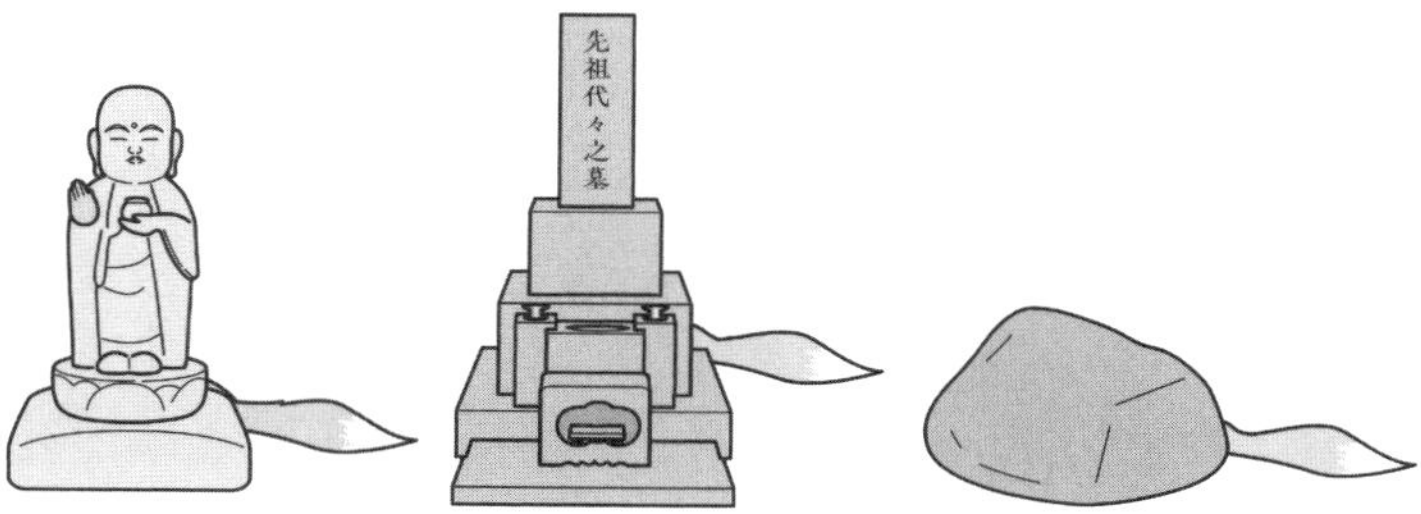

図1-4　地蔵や墓石の後ろにかくれるキツネ

自分の家の近くの野原では狐火をよく見かけるが、その様子をよく調べてみると、キツネが頭を下げて息を吐くと火が出る。この光でガマガエルなどを捕まえて食べていると思われる。夏の夜などはカエルの声がしたかと思うと、たちまちぴたりとやんでしばらくするとまた光る」と書かれています。

これなどはまさに、キツネがカエルを食べる様子を描いているといえるでしょう。狐火がキツネの頭の近くで光るのは、これがキツネの目であるためだと思われます。また、食事の途中で光が見えなくなるのは、キツネがものを噛むときに目を閉じているからでしょう。キツネの食事の様子を観察すると、食べものをかじり取ったりするときに目を閉じたり、細めたりします。

そもそもキツネの目には、「タペタム」という光を反射する特別な構造があり、キツネの目に光をあてると反射して、オレンジ色や青緑色に光ります（**図1-5**）。このような性質を利用して、筆者のような研究者たちは、夜にキツネの頭数を数えたりしています。

図1-5　目が光っているキツネ
（提供：駒ヶ岳・大沼森林ふれあい推進センター）

日本の野生動物の多くは夜行性で、光をあてると目が光る特徴をもっていますが、その中でもキツネとシカの目は、とりわけよく光ります。この2種の生息場所を考えると、シカよりもキツネの方が人の近くで暮らしていることが多いため、昔からキツネの目が光るのを見る機会も多かったのでしょう。それと同時に、キツネの姿も確認することができれば、あやしげな光はキツネが放つものだ、と考えるのも自然なことのように思われます（**図1-6、1-7**）。

狐火に関して、江戸時代のめずらしい話をまとめた『想山著聞奇集《しょうざんちょもんきしゅう》』には、「ある夜などは五十も百も狐火がならび、たくさんとぼした一隊が向こうからやって来たことがありました」といった記述もあります。これなどは、普段は単独で暮らすキツネのものとは思えない狐火の様子です。おそらく、こうした狐火の隊列が、「キツネの嫁入《よめい》り」と考えられるようになったのでしょう。

しかし、こちらについては、目がよく光るも

図1-6
木の下に集まるキツネと狐火
大晦日の夜、王子稲荷神社（東京都北区）に参詣するため、関東各地から集まったキツネを描いたもの。このキツネたちがともす狐火の数で、翌年の作物の豊凶を占ったという伝承が残る。
（歌川広重、「名所江戸百景　王子装束ゑの木大晦日の狐火」、国立国会図書館デジタルコレクションより）

うひとつの野生動物、シカのしわざだったのではないかと考えます（**図1-8**）。シカは数十頭にもなる群れで生活していますし、その生息場所は、キツネよりも人里からやや離れたところです。遠方であやしげに光る狐火の隊列などは、シカの群れに人々が遭遇したときの状況とうまく一致しているように感じられます。筆者は牧場でシカを調査するために、夜、ライトで牧草地を照らすことがありますが、ライトに照らされたシカの目が牧草地の中で点々と光るさまは、まるで幾《いく》多《た》のホタルがゆっくりと移動するように見えて、なかなか美しいものです。

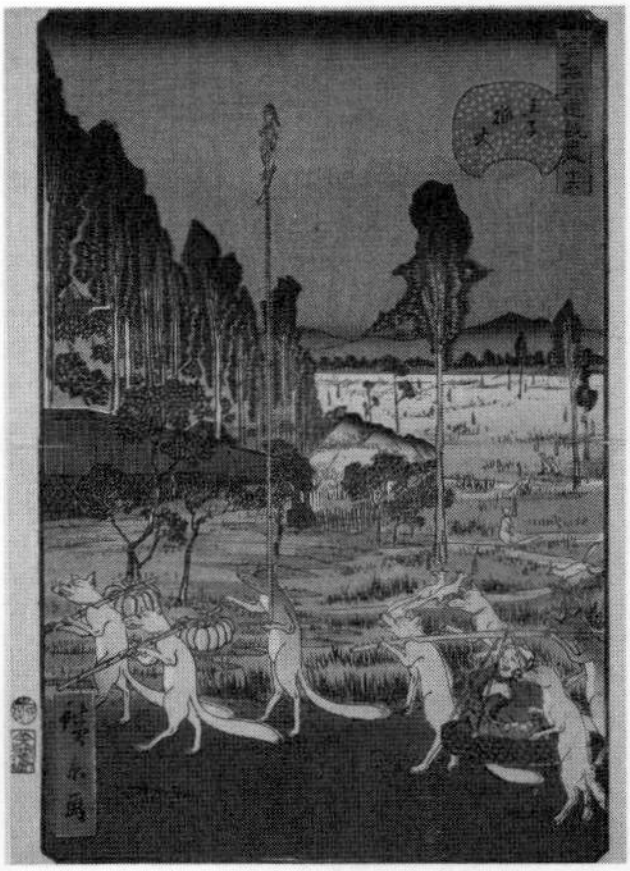

図1-7　大名行列ごっこを楽しむキツネ
右下にはキツネに化かされた男性が大きなザルに座っている。場所は王子稲荷神社付近で、奥の方にもキツネと狐火が描かれている。
（歌川広景、「江戸名所道戯尽　十六　王子狐火」、国立国会図書館デジタルコレクションより）

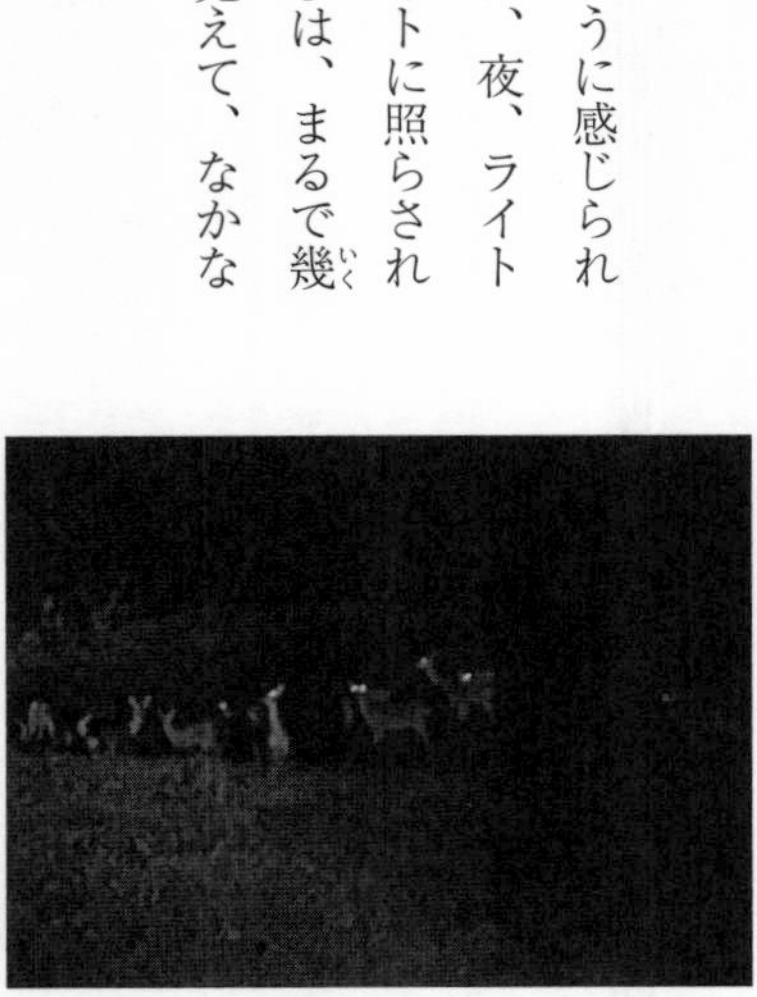

図1-8　目が光っているシカの群れ
（撮影：筆者）

3 キツネと稲荷

神社にいるキツネ

キツネが謎めいた存在で、神さまと関わりのある動物として捉えられてきたことは、神社へ行くとよくわかります。稲荷《いなり》神社は、お米がうまく実ることを司る神さまをまつった場所ですが、その建物へと続く参道の両わきには、キツネの像が置かれています（**図1-9**）。これは、キツネが神さまの使い（眷属《けんぞく》といいます）と考えられているからです。

神さまの使いと考えられている動物は、他にもヘビやシカ、サル、ハトなどが知られています。ただし、それぞれ仕えている神さまが違っています。ヘビは大神《みわ》、シカは春日《かすが》、サルは日吉《ひえ》、ハトは八幡《はちまん》などといった具合で

図1-9　稲荷神社のキツネの像
（撮影：筆者）

す。キツネの場合は稲荷で、正式には五穀を司る食べものの神、倉稲魂神《うかのみたまのかみ》といいます。

キツネがなぜこの神さまと関わっていると考えられるようになったかについては、いくつか理由があります。例えば、キツネの黄色い毛色や立派なしっぽの形が、実った稲の穂によく似ていることや、田んぼの近くにつくられた丘のような神さまのまつり場や古墳などの塚に、キツネが巣をつくって住んだりしたことなどが影響したともいわれています。実際、柳田国男《やなぎたくにお》さんという民俗学者が調べたところによると、全国には狐塚と呼ばれる地名が、キツネのいない佐渡島やキツネの少ない四国を除いて、200ヵ所以上もあるとのことです。

さらに、キツネは稲を食い荒らす野ネズミなどを食べてくれるありがたい動物で、田んぼのまわりにもよくあらわれることなどから、農業を司る神さまの使いと考えられるようになったと推測されています。

ただし、神さまをまつることにも〝はやりすたり〟があり、それはキツネを神さまの使いとする考え方が広まっていくことにも影響したようです。今の東京にあたる江戸は、1603年に徳川家康が幕府をおいたことで栄えるようになった町ですが、その発展の過程で、江戸時代に新たな建物がつくられていきました。今でも、新しい建物を建てるときには地鎮祭《じちんさい》といって、その土地の神さまの怒りに触れないようなお祈りを行います。この神さまが、江戸時代には稲荷の神さまと結び付いて、屋敷の中に神さまをまつる祠《ほこら》がつくられました。そのため、江戸の町には、そこら中に稲荷の祠があったようです。江戸時代のはやり言葉に「伊勢屋、稲荷に犬の糞」というものがありますが、伊勢出身の商人や、犬のフンと同じぐらい、稲荷の祠が多かったということでしょう。こうした江戸の風習が他の地域にも伝わることで、キツネと神社との関係が広がっていったと思われます。

4

西洋のずるがしこいキツネ

日本の昔ばなしではキツネは化けるもののけであり、また神の使いにもなる動物として語られてきましたが、日本のキツネと同じ「アカギツネ」が暮らすヨーロッパでは、すこし違ったかたちでキツネが語られてきたようです。

西洋のキツネの昔ばなし

西洋の伝説ともいえるギリシャ神話では、キツネは「テウメッサ」という名の子どもを食べる怪物として登場します。この怪物はけっして捕まらないといわれており、こまった神さまたちが、キツネを退治するために、必ず獲物を捕まえるラエラプスというイヌを送り込みました。するとそのイヌは、キツネのにおいをたどって追いかけますが、キツネはかしこく、すばやく逃げまわるので捕まりません。けっして捕まらないキツネと必ず捕まえるイヌとの追いかけ合いは、矛盾していて終わりがありません。これを見かねた神さまゼウスが、両者を石にしてしまいました。やがてキツネはこいぬ座となり、イヌの方はおおいぬ座となり、今でも夜空で、たがいに追いかけ続けているといわれています。

このテウメッサというキツネの怪物の話が、紀元前６００年ごろにイソップがまとめた『イソップ童話』に出てくるキツネや、12世紀後半のフランスで、複数の作者によってつくられた『狐物語』の主人公、キツネのルナールに影響を与えたといわれています。これらの物語では、キツネは怪物ではなく、主にずるがしこい動物として描かれています。例えば、『イソップ童話』にはこんな話があります。

ある日カラスが、肉を盗んできて木の上に止まっていました。キツネがそれを見て、肉をせしめてやろうと思いました。キツネは木の下でカラスをほめて、「きみは鳥の王さまにふさわしいよ。もし声さえよければ、とっくに王さまになっているだろうね」と話しかけました。それを聞いたカラスが、自分のよい声を聞かせようとカアカアと鳴くと、くわえていた肉が落ちてしまいました。キツネは肉に飛びついて食べてから、カラスにいいます。「やれやれカラスくん、きみがさえた頭を持っていたら、鳥の王さまにもなれるだろうがね」

また、『狐物語』でも、キツネのルナールはずるがしこさを発揮します。雄のニワトリのシャントクレールに両目をつむってすてきな歌声を聞かせてくれとだまして近づき、不意に襲いかかって彼を捕まえます。けれども、ルナールの口にくわえられたシャントクレールが、ルナールに悪口をいいながら追いかけてくる農夫に対して「彼らに悪態のひとつもいい返さないのかい？」とたきつけます。それにつられて、ルナールは思わず「こいつは俺さまがちょうだいしていくぜ」と口を開き、結局はシャントクレールに逃げられてしまうのです。

また、ある日ルナールは、チーズを盗んできたカラスのティエスランに、きみの歌を聞かせてくれと話しかけました。すると、木の上に止まっていたティエスランは、その気になって歌を歌い、ルナールはティエスランが口にくわえたチーズを落とさせることにまんまと成功します。しかしルナールは、チーズを食べたいのを我慢しつつ、さらに演技を続けました。足をケガしているので、くさいチーズをどけてくれとティエスランに頼んだのです。そして、だまされて近づいてきたティエスランに襲いかかります。結局、ティエスランを捕まえることには失敗したのですが、チーズをせしめることには成功しました。

さらに、あるときルナールは、シジュウカラのおかみさんに対して、目をつむるから、あいさつのキスをしてくれとお願いして、近づいてきたシジュウカラを捕まえようと試みます。しかし、ルナールのたくらみを信じないシジュウカラは、キスのふりをして草でルナールのひげを触り、キスと間違えたルナールが草にかみついたのをかわして、逃げてしまいます。それでもこりずにルナールは、「ふざけただけだよ」といって、同じことを繰り返しますが、やはりシジュウカラにうまく逃げられてしまいます。そして、そのやりとりを見た猟師と猟犬に追いかけられてしまうのです。逃げるルナールに、シジュウカラは「キスしてあげるのでもどっておいで」と話しかけますが、ルナールの方は「のんびりしてられないので」と言い残して立ち去ります。

このように『狐物語』で描かれるキツネのずるさは、ニワトリなどの家畜を襲って食べてしまう害獣になるところからきているのだと思われます。家畜を飼う農家にとっては、育てた家畜を食べてしまうキツネは、いまいましい存在といえるからです。一方で、キツネのかしこさについては、実際のキツネが見せる行動の様子から、そうした印象がもたれるようになったのだと考えられます。

かしこいキツネ

キツネのかしこい様子は、マグヌスというスウェーデンの司教によって16世紀に書かれた『北方民族文化誌』の中で９つほどあげられています。キツネは、①家畜が安心して近づくようにイヌの鳴きまねをしたり、②仰向けに横たわって舌を出して息を止め、死んだふりをして近づいてきた鳥を捕まえたり、③全身が針でおおわれたハリネズミを食べるために、仰向けにひっくり返しておなかの部分を攻撃して殺したり、④しっぽを水の中にたらしてザリガニや魚を釣り上げて食べたり、⑤体にたかったノミを追いはらうために、干し草を口にくわえてしっぽの方から水に入り、水をきらってノミがおしりの方から干し草へと移動したとたんに口から干し草を放してノミ退治をしたり、⑥ウサギと遊ぶふりをして油断させた後に襲って食べたり、⑦イヌのように吠えて、イヌのふりをしてイヌから逃れたり、⑧イヌに追いかけられると、木の枝にぶら下がって足跡を消してイヌをだましたり、⑨ヤギの群れの中の1頭の背中に飛び乗ってヤギたちを混乱させ、そのすきに猟師から逃げたりすると伝えられています。本当にこんなことをキツネはやってのけるのでしょうか。
①や⑦については、キツネが外敵に襲われたときに、他のキツネに危険を知らせるために出す「ウォーン、ウォーン」という大きな声が、場合によってはイヌが吠える際の「ワン、ワン」という鳴き声に聞こえるときがあります。こうした特徴がこのような言い伝えにつながったのかもしれません。
また、②については、どうやら本当にこんな狩りをするらしく、1650年代に描かれた版画に、死んだふりをして鳥をおびき寄せる様子が残されています（**図1-10**）。また、1960年ごろにロシアで撮影された写真では、その狩りの様子が克明に記録されています。
③については、キツネが実際にしていないとはいえませんが、キツネと同じ場所で暮らすヨーロッパアナグマがこのようにハリネズミを襲って食べるので、その食べあとをキツネが襲ったものとまちがえた可能性が考えられます。
④については、キツネが本当にこんなことを行うかどうかはわかっていません。ただし、キ

ツネがしっぽに氷や雪玉を引っ付けて歩く姿は観察されているので、そうした様子からしっぽで釣りをしていたと考えられるようになったのかもしれません。
⑤については、動物文学で名高いシートンが『シートン動物誌３　キツネの家族論[26]』の中で、ある人物が以下のように報告したことを記しています。「私は先日、森を歩いていて、古い製材所のダムに行きあたりました。枝葉のあいだでがさごそ音がしたので、じっとしていると、アカギツネが口にマツの樹皮をくわえて池に入るのが見えました。キツネは水に完全につかってしまい、鼻さきとマツの樹皮しか見えません。キツネは五分間ほどそのままじっとしていたあと、樹皮を放して水から出て、森のなかへ走り去りました。私はマツの樹皮を調べてみました。すると、樹皮はノミでいっぱいだったのです」。さらにシートンは、トウモロコシの毛をくわえて池に入り、シラミをトウモロコシの毛に移らせる伝聞や、羊の毛をくわえて水に入り、ノミをそちらへ移らせる伝聞も報告しています。ど

図1-10　死んだふりをして鳥をおびき寄せるキツネ
（Allart van Everdingen、「Le Roman de Renard : 41」、パリ市立プティ・パレ美術館所蔵）

うやらキツネは、本当にこのようにして寄生虫退治をしているのかもしれません。
⑥についても、似たような言い伝えがアメリカの猟師の間にあります。そこでは、枝をくわえてキツネが遊んでいるところへ、興味をもって近づいてきたアヒルを、キツネが襲って食べるそうです。先に紹介した『狐物語』のルナールがカラスのティエスランにしたお願いや、シジュウカラのおかみさんにキスをねだった様子にも似ています。
⑧については、「木の枝にぶら下がる」とは大げさですが、枝にジャンプして追ってくるイヌたちをだましたりするようです。前述した『シートン動物誌』では、以下のようなエピソードが記されています。「このアカギツネは、いつもおなじ道をたどって逃げました。スピードを上げ、姿が見えなくなるほどイヌたちを引き離すと、決まった倒木を登り、かたむいた木に跳び移り、さらに上に登って枝葉の茂みに身を隠しました。そして、イヌたちが通りすぎるのを見さだめるとすぐに、木を駆け下りてもとの道を逆方向に駆け戻るのでした。この〝抜け駆け〟はあまりに巧妙で、猟師たちはだれも見ぬけませんでした。イヌたちが逆に〝においのあと〟を追っていると思い、しかりつけて向きを変えさせたことも、一度や二度ではありません」
最後に⑨ですが、こちらもシートンが『シートン動物誌』の中で、キツネのボールディーに関して、似たような逸話を報告しています。「ついに私の老練なアライグマ猟犬のフォレストが臭跡《しゅうせき》をかぎあてました。あのいまいましいボールディーは、牧場の柵の上を走る手口を使っ

たのです。フォレストは柵にそってすくなくとも八〇〇メートルほどあとを追いました。ところが、ボールディーはつぎにはヒツジの群れのなかを走りぬけていて、またしても臭跡を見うしないました」

猟師をだます

その他にも、キツネのかしこい行動については、キツネを狩りの対象とする猟師の人たちがよく観察していて、いろいろな逸話を残しています。そこでは、キツネの知恵に見事にしてやられた様子がいきいきと描かれています。

特に有名なのが止め足と呼ばれるトリックです。この様子は、熊本県阿蘇市でキツネの生態を調べた研究者の中園敏之《なかぞのとしゆき》さんが『阿蘇のキツネ』という本の中でくわしく記しています。中園さんによると、イヌや猟師に追われたキツネが、一度まっすぐに進んだ後に同じ足跡をたどって後ろ向きに歩き、しばらくもどった後にそのななめわきへジャンプして足跡が見つからないようにしたり（止め足）、さらには、ぐるりと直径100mほどの円を描くように自分の足跡の一部を重ねつけた後（かさね歩き）、1.5mほどわきに飛び跳ねて、足跡が消えたように見せかけたりするそうです（**図1-11**）。

前述の『シートン動物誌』から、猟師をだますキツネの行動をいくつか抜き出してみましょう。例えばキツネの止め足の様子はこんな具合です。「アカギツネはしばらく自分の足跡をたどってあと戻りしてから、横にとび跳ね、そこから方向を変えて走ったりします。それに、柵の横木の上や石塀の上を走ったり、あるいは浅い川の石の上を跳び歩いたりもします」

猟師が追わせたイヌからキツネが逃れるときには、「キツネは、川の流れにえぐられた急斜面の砂地の岸辺を好んで歩いた。乾いた砂はほとんどキツネのにおいをのこさないし、急斜面の砂地は、たえずぱらぱらと小さくくずれて足跡の上に砂をそそぎ、消してしまう。ともかく、私の猟犬がきまってキツネのにおいのあとを見うしなうのは、こうした場所であった」といった具合です。

また、猟犬から逃れるためにキツネは氷をうまく利用したりもします。「水の上に張った薄氷を渡るなに気ないやりかたが、キツネのお得意の戦術になっています。キツネは自分の体重を支えるのにちょうどよい氷の厚さを選ぶのです。猟

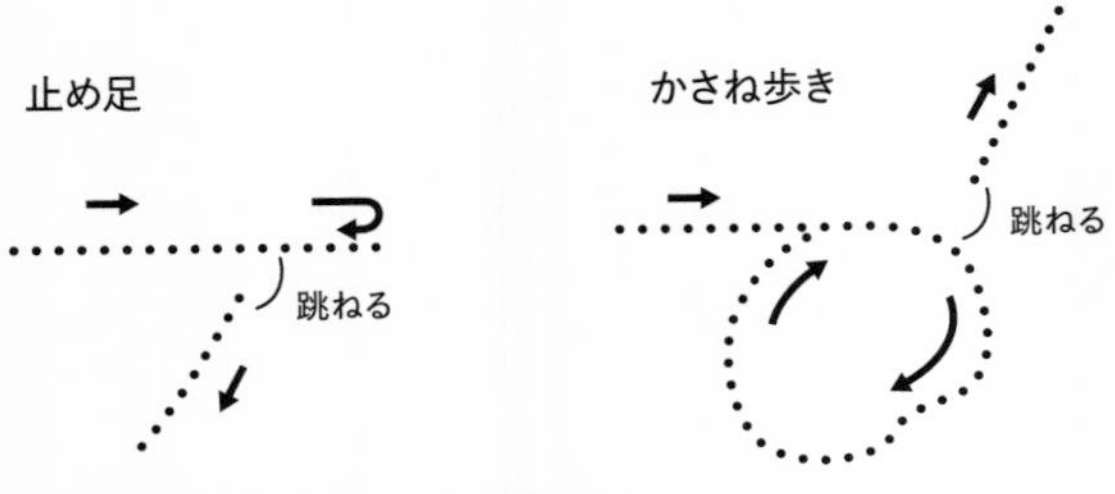

図1-11　止め足とかさね歩き
［中園（1974）より作成］

犬が走れば氷は割れ、流れが速ければ水に落ちた猟犬は氷の下に押し流されます。このキツネの戦術にあっておぼれたイヌは何頭もいますが、氷の厚さを見あやまってキツネが水に落ちたという話は聞いたことがありません。ちょうどよい氷の厚さを選んでいる証拠に、川の一部が凍りついていると、キツネは薄くて割れやすい氷の端の部分を走り、うまいところで、対岸の薄い氷に飛び移ります」

さらに、追ってくる猟犬から逃れるために鉄道を活用することもあるようです。「一群の猟犬に激しく追い立てられた一頭のキツネが（わる知恵で知られた老かいなキツネであるが）鉄道の線路にとってかえし、レールに飛び乗ると、判明しただけでも八〇〇メートル以上もの距離を走った。いうまでもなく猟犬の追跡をまくためである。ご存知のとおり、キツネのにおいのあとは、鉄のレールにはほとんどのこらない。列車がその上を通過してしまえば、なおさらである」

その上、猟犬が事故に巻き込まれてしまう原因にもなりました。「レホボースのシルベイヌス・ペクの二頭の猟犬が、プロビデンスとトーントン間を走る路面電車にひかれて死んだ。キツネを追跡しているさいちゅうの事故だった。野原を走っていたキツネがきゅうにコースを変え、近くの線路を横ぎった。追跡に夢中だった二頭の猟犬は、思わず電車のまえに飛び出してしまったのだ。あまりに突然のことで、電車の運転手には事故を避ける余裕がまったくなかった」

さらには、「イヌに追われたそのキツネは線路沿いを走りつづけ、列車があらわれると機関車の直前を横ぎったのです。おなじ手口にかかって不具[※1]になったり、死んだりしたイヌはかなりの数になります」といった具合です。

このように、キツネはその追手である猟師の人たちとさまざまな駆け引きを通じてその知恵を発揮し、「かしこい動物」としてのイメージがかたちづくられてきたと考えられます。

※1　体の部位に障害があること。

5

映画になったキツネ

最後にアニメーションや映画といった、比較的新しいメディアで描かれるキツネについても見てみることにしましょう。とりわけ、アニメーションなどの書き手が自由に発想できる作品では、キツネという動物の特徴が強調され、わかりやすく加工されます。そのため、キツネが描かれている作品を通して、私たちがキツネに対して抱くイメージを再確認し、そしてそのイメージをさらにふくらませていくことにつながると思われます。ここではまず、世界を代表するアニメーション作品群である、ディズニー映画に注目してみましょう。

ディズニーアニメのキツネ

千葉集《ちばしゅう》さんという作家が自身のブログ記事で、ディズニーのアニメーション映画でキツネがどのように描かれてきたかを分析しています。その記事によると、ディズニー映画に初めてキツネが登場したのは１９３０年代のことで、１９３１年の『キツネ狩り』という作品のようです。わずか7分の短編作品の中で、キツネは大勢の猟師に追われる獲物として登場し、倒木に追い込まれて万事休すといった状況です。しかし、倒木から引っぱり出されたのは悪臭を放つことで知られるスカンク。キツネは、倒木の中でスカンクと入れ替わることで、猟師たちを追いはらうのに成功します。最後はスカンクと握手をしてハッピーエンド。知恵のある動物として描かれていたといえます。

知恵のある動物としてのイメージは、さらにずるがしこさが加わってふくらんでいきます。1938年には、有名なキャラクターのドナルドダックが登場した『ドナルドのキツネ狩り』という作品で『キツネ狩り』がリメイクされ、キツネのずるがしこさがより強調されたかたちで描かれます。さらに1940年代に入ると、これまた有名な『ピノキオ』にわき役で登場します。その名も「正直ジョン」。名前とは裏腹のペテン師で、主人公のピノキオをサーカスでスターになれるとそそのかし、さらに、子どもをロバに変えるあやしげな男に売り渡します。ずるがしこい悪役としてのキツネのイメージが確立されたといえるでしょう。このイメージは『イソップ童話』などの昔ばなしでたびたび登場してきたものにも共通しています。

1970年代に入ると、キツネは悪役から一転、正義のヒーローとして主役の座に駆け上がります。1973年の『ロビン・フッド』では、13世紀のイギリスで、悪い王さまのライオン、ジョンに立ち向かう英雄としてキツネが登場します。ロビン・フッドは弓矢の名手で、お金持ちからうばったお金を貧しい人たちへ与える、盗人にして正義の味方です。世の中の仕組みからはみ出たところで活躍するその姿は、西洋文学の古典『狐物語』で描かれるキツネのルナールとも大きく重なります。

『きつねと猟犬』

さらに1980年代に入ってすぐ、キツネがふたたび主役に抜擢されます。1981年に公開された『きつねと猟犬』です。日本では、東京ディズニーランドの開園記念として1983年に公開されました。この作品の中でキツネは、猟犬に母親を殺された野生動物の孤児トッドとして登場します。

ある日、トッドは森で猟犬のコッパーと出会い、2頭は仲良くなりました。やがて月日がすぎてコッパーは立派な猟犬となり、トッドの方は追われる獲物のため、両者は敵同士になってしまいます。そんな中、2頭が再会する場面でのトラブルで、コッパーの恩人の猟犬が大ケガをしてしまい、コッパーはトッドに怒りを覚えます。その後、トッドを捕まえようとしたある日の狩りで、コッパーとその主人がクマに襲われます。そこにトッドがあらわれてクマに立ち向かい、コッパーと主人はあやうく難を逃れました。これを機にトッドとコッパーは仲直りし、2頭はそれぞれが暮らすいつもの生活へともどっていきました。

この作品では、キツネが人の敵役になると同時に友人にもなる、あいまいな存在として描かれています。さらに、「人間」と仲良くはなれるものの、交わり得ない部分をもつ「野生」の象徴としてキツネは捉えられていたといえるかもしれません。
２０００年代になって、『きつねと猟犬』の続編がつくられました。２００６年に公開された『きつねと猟犬２　トッドとコッパーの大冒険』です。続編といっても、前作の話のその
また昔の話で、いわば外伝のような作品になっています。
この作品でも、キツネのトッドと猟犬コッパーの立場の異なる2頭の友情が描かれますが、どちらも幼い子どもなので、大人である人間の保護下にある存在といえるでしょう。前作にあったキツネに内在する「野生」との対立といったテーマはかくされ、トッドという名前でのキャラクター化が進み、ちょっと変わった人間の友達として、その位置付けが強調されているようにも感じられます。

『ズートピア』のニック

そして２０１０年代に入り、キツネは大ヒット作品の名わき役として登場します。２０１６年に公開された『ズートピア』は、全世界での興行収入が10億２３７８万ドルをこえ、この年公開のアニメーション映画の中で興行収入2位となりました。

この作品は、人間社会を動物に置きかえた寓話《ぐうわ》となっており、キツネはずるがしこいペテン

師、ニック・ワイルドとして登場します。主人公はウサギのジョディ。夢をかなえるため、動物たちが自由に暮らす大都会、ズートピアへやってきて、ウサギ初の警察官となります。ある日、肉食獣たちが姿を消すという奇妙な事件に取り組むことになりますが、ジョディはこの事件の手がかりを知るニックの弱みをにぎることで手伝わせ、２頭は見事にこの難事件を解決します。その後、ニックも自分の夢を思い出して警察官となり、２頭はよき相棒になるといったストーリーです。

キツネのニックはこれまでに描かれてきた「ずるがしこい」悪役といったお決まりのイメージとともに、『ロビン・フッド』で描かれてきたようなヒーロー像も体現します。さらに、この映画のテーマともいえる動物たちの「野生」性を象徴する動物としても描かれています。これまでのディズニー映画で描かれてきたキツネのイメージがひとつに組み合わされ、見事なかたちで表現されているといえるでしょう。

日本のアニメでのキツネたち

ディズニーのアニメーションで描かれたキツネ像は、以上のような変遷をたどってきたわけですが、日本のアニメーション映画では、キツネはどのように描かれてきたのでしょうか。答えを先取りすると、「かいけつゾロリ」を除けば、キツネはヒット作に恵まれず、あまり目立った活躍をしていません。

日本のアニメーションについては、（一社）日本動画協会が、「アニメ大全」という日本のアニメーション作品を網羅するデータベースをつくっています。こちらで「キツネ」をキーワードとして映画を検索すると、「ゾロリ」を除いて14作品がヒットしますが、有名な作品はほとんどなく、初めて目にするようなマイナーな作品ばかりです。

１９４０年代には、キツネが登場するものが5作品ほどつくられていますが、概要でしかその内容をうかがい知ることはできません。概要を見る限り、キツネは悪役かいたずらものといった役割で登場しているようです。１９５９年には、『王さまになったきつね』という人形アニメが制作されていますが、ここでのキツネは、ニワトリを襲う害獣として、さらにはライオンの王さまをだまして、自分が王さまになりかわるペテン師として描かれています。

１９８０年代には、１９８５年に『ごんぎつね』、１９８７年に『チロヌップのきつね』と、2作品でキツネが主役として登場します。前者は新美南吉《にいみなんきち》さんの有名な童話（**図1-12**）をアニメ化したものです。童話の方は国語の教科書にのるくらい知られていますが、アニメの方は、

図1-12　ごんぎつね
（作：新美南吉　絵：黒井 健　偕成社刊）

巡回形式で上映された作品ということもあり、広く認知されるものにはならなかったようです。キツネは、「ごん」という名のいたずらものとして描かれます。ごんは、村人「兵十」と交流しますが、最後には、ごんをいたずらものとかん違いした兵十に銃で撃たれて死んでしまいます。悲劇の主人公といった位置付けでしょうか。

『チロヌップのきつね』では、ある北の島に住む人間の夫婦に拾われて、しばらくの間一緒に暮らす野生の子ギツネが登場します。キツネの姿は、子ギツネが冬になっても成獣にならない点を除けば、実際の野生のキツネの生態に沿っており、忠実に再現されているといえるでしょう。この作品でのキツネは、島へやってきた日本兵に殺されてしまう、罪のない悲劇の動物となっています。『ごんぎつね』とも共通しますが、この時代のキツネたちは、人間によって振りまわされるかわいそうな動物たちとして描かれているようです。

かいけつゾロリ登場

１９９０年代には、キツネに関して注目すべき作品が２つ公開されました。１つはキツネをキャラクター化したシリーズ作品、『かいけつゾロリ』の映画版。１９９３年に、子どもたちに人気のキャラクター、アンパンマンと同時上映され、『まほう使いのでし』と『大かいぞくの宝さがし』の２本立てで公開されました。ただし、この作品はあまりヒットしたとはいえず、多くの人の記憶には残っていないでしょう。かいけつゾロリの映画版としては、2006年公開の長編作品の方が、多くの人の目に触れ、より強く印象付けられたと考えられます。ゾロリについては、後ほどくわしく触れることにします。

1990年代を代表するもう1つの作品は、スタジオジブリ制作の『平成狸合戦ぽんぽこ』です。1994年に公開され、配給収入は26億円以上、興行収入は概算で44億7000万円にのぼり、この年公開の邦画ナンバーワンのヒット作となりました。テレビで何度も放映されているので、ご覧になったことがある方も多いでしょう。主役はタヌキなのですが、キツネはわき役としてちょっとだけ登場します。映画では、多摩丘陵に暮らすタヌキたちが自らの住む森を守るために、多摩ニュータウンの開発を阻止しようと「化け学」を使って人間に立ち向かいます。しかし、あえなく敗北。そしてタヌキたちは、人に化けて人間社会の中で暮らす道と、町の中で野生動物として暮らす道のどちらかをそれぞれ選ぶことになります。

映画の中でキツネは、タヌキよりひと足先に化け学を使って人間社会に溶け込む道を選んだ先輩妖怪として描かれています。キツネが化ける動物として日本文化の中で描かれてきた歴史を、忠実に反映したものといえるでしょう。映画では、キツネはちょい役にすぎないのですが、主役のタヌキたちと同様に、人間の文明化の波に翻弄され、居場所を失われていく動物妖怪とされています。妖怪が文明と対立する存在となる図式は、2016年公開の『ズートピア』で描かれた「野生」の喪失を象徴する存在となったキツネのものとも重なります。ある意味では、ディズニーに先んじたテーマ設定をしていたともいえます。

そして、２０００年代に入り、長編映画『まじめにふまじめかいけつゾロリ なぞのお宝大さくせん』が、２００６年に公開されます。なお、原作本の『かいけつゾロリ』は、これに先んじること約20年前の１９８７年、原《はら》ゆたかさんにより、第1作『かいけつゾロリのドラゴンたいじ』が出版されました（**図1-13**）。この作品で主役のゾロリは、いたずらの王者になり、かわいいお嫁さんと、自分の城をもつことを夢みて旅をします。ガラクタからなんでもつくり出す発明の才能があり、キツネの一般的なイメージである、「ずるがしこさ」を反映したキャラクターです。さらに日本古来からの「化ける」点についても、普段の旅の姿から、いざというときに怪盗に変身する他、変装が得意というところで、しっかりとその伝統を受け継いだ存在でもあります。

ただし、２００６年公開の映画については、キツネという動物のイメージよりも、「ゾロリ」というキャラクターの方が目立

図1-13　かいけつゾロリのドラゴンたいじ
（作・絵：原ゆたか　ポプラ社刊）

つものになっており、この映画自体から、キツネという動物のイメージを読み取ることは少々難しいように思えます。キャラクターが育ってくると、つくられた元の設定からしだいに乖離《かいり》していく様は、「ドラえもん」を思い浮かべればわかりやすいでしょう。ドラえもんは、もともとネコを模したロボットとしてつくられたのですが、すでに独自のキャラクターを確立しています。そして今や、ドラえもんからネコという動物のイメージを読み取ることが難しくなっているように感じられます。

ゾロリシリーズの方も、2022年には「同一の作者によって物語とイラストが執筆された単一児童書シリーズの最多巻数」としてギネスの世界記録に認定されるなど、子どもたちから絶大な支持を受ける作品へと成長しています。それでも、そのキャラクターが子どもたちに受け入れられ、現在のようなかたちへと確立されていった背景には、キツネという動物のもつイメージとつくられたキャラクターの設定とが、実にうまくマッチしていたことも影響したに違いありません。キツネがさまざまなキャラクターの中でその存在感を発揮するようになったのには、あやしげな「化けもの」というイメージを脱ぎ捨て、人間が暮らす文明社会の中に溶け込んでいき、無害な存在としてのイメージを獲得していったことと無関係ではないように思われます。

実写映画に見るキツネの姿

では次に、こうした変化を、実写映画でのキツネの描かれ方からも見てみることにしましょう。網羅的にすべての映画を確認したわけではありませんが、キツネが全編にわたって登場する初期のものとしては、１９５０年のイギリス映画『女狐《めぎつね》』（原題『Gone to Earth』）があげられます。主人公であるジプシーの女性、ヘイズルの恋物語がテーマの作品ですが、主人公がかわいがるペットとしてキツネのフォクシーが登場します。キツネは、ヘイズルの恋路を暗喩する存在となっていて、ヘイズルの奔放な恋のありようが、イヌのようには飼い慣らされない、キツネの野生性をなぞるように描かれています。キツネは、野生の動物を象徴する存在として位置付けられていたといえるでしょう。

そして１９７３年には、ディズニーのアニメーション映画『きつねと猟犬』のオリジナル版ともいえる『子ぎつね物語』（原題『The Belstone Fox』）が公開されます。この作品、日本では劇場未公開のようですが、テレビでは放映されたそうです。

ストーリーは、ディズニーのアニメ版とはいくらか異なります。キツネのタッグが猟犬のマーリンと幼少期に仲良くなる点は同じなのですが、『子ぎつね物語』の方はイヌの母親の下でタッグとマーリンを含む子犬たちが一緒に育てられます。その中で、タッグとマーリンが、特別に仲良くなるのです。しかし、キツネ狩りの季節がはじまると、マーリンは猟犬としてキツネを追わなければなりません。猟犬たちの管理人であるアッシャーは、タッグを野生へもどすことにします。野で暮らすようになったタッグは、キツネ狩りで猟犬たちに追いかけられるようになります。一方でマーリンは、タッグを積極的に追いかけるものの、結局はタッグを守る役を務めるようになります。

けれどもある日、タッグを追いかけた猟犬たちが、鉄道にひかれて命を落としてしまいます。そのことに怒りを感じたアッシャーは、執拗にタッグを追いかけ、とうとうタッグを追い詰めることになります。そして、猟犬マーリンの目の前で、タッグをナイフでしとめようとしたそのとき、心臓発作を起こして命を落としてしまうのです。

この映画でのキツネは、人と楽しげに交流するものの、結局は狩りの対象となってしまう、悲しい存在として描かれています。イギリス田園地帯での「キツネ狩り」という伝統の影響を強く感じさせる作品です。

ここまで見てきたように、1970年代前半までは、キツネが出てくるのは洋画ばかりで、邦画にキツネが出てくることはありませんでした。しかし、1978年に突如として、衝撃的な日本映画が公開されます。『キタキツネ物語』です。キツネの生態をかなり忠実に描いたドキュメンタリータッチの作品で、観客動員数は230万人にのぼり、翌年にテレビ放映された際の視聴率は44・７％と記録的な値を示しました。

筆者自身も小学生のときにこの映画をテレビで見て、キツネの生き生きとした姿に感動を覚えました。この作品は、「野生動物」としてのキツネの姿を、日本の人々に強く印象付けるものになったと思われます。

その後、１９８３年には『きつね』という日本映画が公開されますが、かなりマイナーで多くの人に認知される作品にはならなかったようです。難病におかされて短い生涯を送った少女の、年上男性との恋物語を描いた作品ですが、キツネは少女の病気の原因となったエキノコックス症（↓第５章参照）を媒介するあやしげな動物として登場します。ある意味、日本の「伝統的キツネ観」ともいえる〝怪異性〟がキツネに重ねられた印象を受けます。映画のラストでは、男性が少女に対する思いを示すため、キツネを狩りの対象として殺してしまいます。大ヒットした『キタキツネ物語』とは対照的な、かなり異色のキツネ像を打ち出した作品だったといえるでしょう。

１９８０年代には、映画ではないものの、テレビドラマ『北の国から』にキツネが登場します。１９８１〜１９８２年に放映された全24話では、北海道の富良野に移住した家族の暮らしが描かれます。この一家の末娘、小学生の蛍が、エサを与えて交流する野生動物がキツネでした。この作品の影響はとても大きく、ドラマの放映以降、北海道を旅する観光客の多くが、旅先でキツネにエサを与えるようになりました（↓第6章参照）。

そして、2000年代に入り、『子ぎつねヘレン』が公開されます。この作品のキツネは、目も見えず耳も聞こえない状態で生まれる〝はかない〟存在です。エキノコックス症を人に媒介する危険性をもつものの、主人公の少年、太一に大事に育てられて、その短い一生を終えます。もともとは野生動物なのですが、映画で描かれる子ギツネの姿は、まるで子犬です。『北の国から』で餌付けられたキツネは、『子ぎつねヘレン』でペットにされたかのようです。

2007年には『きつねと私の12か月』という少女と野生のキツネとの交流を描いた、すてきなフランス映画が公開されます。この映画では、少女リラが、出会った野生のキツネ、テトゥに愛着を抱き、その距離を縮めていくうちに、テトゥをペットのように扱うようになります。しかし、その行為はテトゥを傷つけ、結局テトゥはリラの元を離れていきます。先述の『女狐』や『子ぎつね物語』などのイギリス映画でもそうですが、欧米のキツネを題材にした作品では、仲良くなろうとするがうまくいかない、キツネの野生性がいつも注目されています。キツネのペット化がうまくいく日本とは対照的です。

2010年代では、映画『キタキツネ物語』がリニューアルされて『キタキツネ物語　35周年リニューアル版』として2013年に公開されました。基本的なストーリーは変わらないものの、この新しい版では、キツネ自身が語る演出が新たに加えられ、キツネ1頭1頭の個性がよりはっきりとわかるように変更されました。ある意味、キツネのキャラクター化が進んだといえるかもしれません。また、『かいけつゾロリ』は映画もシリーズ化され、２０１２年に『かいけつゾロリ　だ・だ・だ・だいぼうけん！』、２０１３年に『かいけつゾロリ　まもるぜ！　きょうりゅうのたまご』、２０１５年に『かいけつゾロリ　うちゅうの勇者たち』、２０１７年に『かいけつゾロリ　ZZのひみつ』、２０２２年には『かいけつゾロリ　ラララ♪　スターたんじょう』と立て続けに公開されています。ゾロリは「キツネキャラ」として確固たる地位を確立したようです。

アニメーションや映画におけるキツネ像の変遷

これまで見てきたキツネが登場するアニメーションや実写の映画を表にまとめました（**表1-1**）。この表をあらためて眺めてみると、１９６０年代まではわき役だったキツネたちが、１９７０年代になると『子ぎつね物語』、『ロビン・フッド』、『キタキツネ物語』などで主役に抜擢されるようになります。そして、１９８０年代から１９９０年代にかけてその存在感を増していき、２０００年代以降、それぞれのキャラクターが確立されて、『きつねと猟犬２』のトッド、『子ぎつねヘレン』のヘレン、そして『かいけつゾロリ』シリーズのゾロリや『ズートピア』のニックなど、銀幕の世界で活躍するスターとして、多くの映画に登場するようになるのです。

表1-1　キツネが登場するアニメーションや実写の主な映画

年代	公開年	洋画 ディズニーアニメーション（ただし※を除く）[1]	邦画 アニメーション[2]	洋画実写	邦画実写
1930	1931	**「キツネ狩り」**			
	1938	**「ドナルドのキツネ狩り」**			
1940	1940	**「ピノキオ」** （日本では 1952 年公開）			
	1943	**「チキン・リトル」**			
	1946	**「南部の唄」**（＋実写） （日本では 1951 年公開）			
	1947		**「狐とヒヨコ」** **「森の騒動（よくばり狐）」**		
	1948		**「きつねとサーカス」** **「きつねと子守唄」「狐と小鳥」**		
	1949		**「蛙と狐」**		
1950	1950			**「女狐」** （Gone to Earth）	
	1959		**「王さまになったきつね」**（人形アニメ）		
1960	1963	**「王様の剣」**			
	1964	**「メリーポピンズ」**			
1970	1970		**「ホーム・マイホーム」**		
	1973	**「ロビン・フッド」** （日本では 1975 年公開）		**「子ぎつね物語」** （The Belstone Fox）	
	1978				**「キタキツネ物語」**
1980	1981	**「きつねと猟犬」** （日本では 1983 年公開）			「北の国から」 全 24 話
	1983				**「きつね」**
	1985		**「ごんぎつね」**		
	1987		**「チロヌップのきつね」**		
1990	1993		**「こぎつねのおくりもの」** **「かいけつゾロリ まほう使いのでし／大かいぞくの宝さがし」**		
	1994		**「平成狸合戦ぽんぽこ」**		
	1997		**「こぎつねの交通安全」「こぎつねの消防隊」**		
	1998		**「きつねとぶどう」**		
2000	2004		「かいけつゾロリ」全 52 話		
	2005	**「チキン・リトル」**	「まじめにふまじめ かいけつゾロリ」 全 97 話		
	2006	**「きつねと猟犬 2 トッドとコッパーの大冒険」**	**「まじめにふまじめ かいけつゾロリ なぞのお宝大さくせん」**		**「子ぎつねヘレン」**
	2007			**「きつねと私の 12 か月」**	
	2009	**「ファンタスティック Mr. Fox」** （ストップモーションアニメ）※			
2010	2012		**「かいけつゾロリ だ・だ・だ・だいぼうけん！」**		
	2013		**「かいけつゾロリ まもるぜ！きょうりゅうのたまご」**		**「キタキツネ物語 35 周年リニューアル版」**
	2014			**「リザとキツネと恋する死者たち」** （日本では 2015 年公開）	
	2015		**「かいけつゾロリ うちゅうの勇者たち」**		
	2016	**「ズートピア」**			
	2017		**「かいけつゾロリ ZZ のひみつ」**		
2020	2020		「もっと！まじめにふまじめ かいけつゾロリ」全 25 話	**「ドクター・ドリトル」** （キツネは CG）	
	2021		「もっと！まじめにふまじめ かいけつゾロリ 第 2 シリーズ」全 25 話		
	2022		「もっと！まじめにふまじめ かいけつゾロリ 第 3 シリーズ」全 25 話 **「かいけつゾロリ ラララ♪スターたんじょう」**		

太字は映画、細字はテレビ放映を示す。
1）ブログ「名馬であれば馬のうち」参照（https://proxia.hateblo.jp/entry/2016/05/24/055317）
2）「アニメ大全」参照（https://animedb.jp）

このように、時代の流れとともにキツネ像も変遷していきました。

欧米の実写映画で描かれるキツネたちの方は、その〝野生〟らしさがじゃまをして、なかなか人間社会にうまく溶け込めません。しかし、アニメーションといった新しい表現手段によってデフォルメされ、キャラクター化されることによって擬人化が進み、スター性を獲得できるようになったといえるのかもしれません。こうして見ていくと、昔ばなしなどで語られてきた、ずるがしこくて化けることもある旧来のキツネのイメージが、映画やアニメーションといった近代的なメディアを通じて、徐々に文明化されていき、神秘性、害獣性、野生性などが骨抜きにされて、愛される無害なキャラクターとして人間社会に受け入れられるようになってきた歴史が感じられます。

コラム1

キツネ憑きとは？

「キツネ憑き」とは、キツネが人にとり憑いて、人が病気になったり、普段とは違った異常な状態になったりしてしまうことをいいます。実際には、野生のキツネが人にとり憑くことなどありません。けれども、人々がキツネに対して感じている、〝あやしげな動物〟というイメージや、神さまの使いにもなるという信仰などから、キツネのもつ不思議な力が、さまざまな災いをもたらしているのだと考えられてきました。

キツネ憑きは自然になってしまうものではなく、「キツネを他人に憑けることができる人」に、キツネを憑けられてしまったためになってしまうといわれています。この「キツネを他人に憑けることができる人」は、「キツネ持ち」や「キツネ持ち家筋」と呼ばれ、人にとり憑くキツネを飼っているのだと信じられてきました（図1-14）。これらのキツネは、キツネ持ちの家の人が結婚すると相手の家にもついてきて、結婚相手の家もキツネ持ちになります。そのため、キツネ持ちとされた家の人との結婚は避けられ、差別の対象となったのです。こうした差別の影響は深刻で、1952年には島根県で、キツネ持ちとされた女性と、その女性との結婚を許されなかった男性が、２人で毒を飲んで自殺してしまう悲しい事件も起きました。

このような不幸な迷信が日本の各地で広がっていった背景には、農村での社会の変化が影響したと考えられています。江戸時代の中期ごろになると、農村部でもお金が流通するようになり、貧富の差が生まれました。そして、その格差によるお金をめぐる争いや、妬みなどが生じるようになったのです。こうした社会変化の中で、いち早くお金持ちになった人たちは「キツネ持ち」とみなされ、金銭的に恵まれない人たちから疎外されるようになったことが、差別のはじまりではないかといわれています。

ただし、普段はしない〝キツネに似た行動〟を示したり、自分自身が「○○キツネである」といった不思議な発言をしたりして、キツネ憑きとみなされた人もいます。これらの人たちにはある種の精神障害があり、例えば解離性障害《かいりせいしょうがい》の１種と精神科医が診断する症状を示していたのだと考えられます。２０１０年代以降の現代においても、「キツネさまにとり憑かれた」と発言する

図1-14　管狐《くだぎつね》
憑くキツネにはさまざまな名称があるが、信州（長野県）、三州（愛知県三河地方）、遠州（静岡県西部）、山梨県あたりでは管狐と呼ばれ、竹筒に入るほど小さいとされる。なお、正体はキツネではなくイタチ類ともいわれ、この絵はテンがモデルであると推測されている。
（三好想山、「想山著聞奇集」、国立公文書館デジタルアーカイブより）

などの精神障害を示す患者の例が、精神医学関係の学会で紹介されています。キツネ憑きは、今でも私たちの社会に根強く残る信仰のひとつなのでしょう。

第2章

キツネのキホン

1

キツネってどんな動物？

この章では、キツネがどんな動物なのか、そのキホンについてお話ししていこうと思います。

キツネはイヌのなかま

キツネは、大きく分けると「肉を食べる動物のなかま」です。こうした動物のなかまを食肉目といいますが、その理由は、歯を見るとわかります。キツネが大きく口を開けたときに横から見ると、ひときわ大きな歯が上あごと下あごに1本ずつ前後にならんでいます（**図2-1**）。この上の方の歯は、左右に10本ずつあるうちの前から8番目で、ちょうど奥歯の1つ手前にあります。前臼歯《ぜんきゅうし》といいます。下の歯の方は、左右に11本ずつあるうちの前から9番目です。こちらは、一番手前の奥歯にあたり、臼歯といいます。この上と下の2つの歯は、のこぎりのように鋭くとがっていて、物を噛むときにハサミのような役割をするので、肉を切り裂くのに役立ちます。このよう

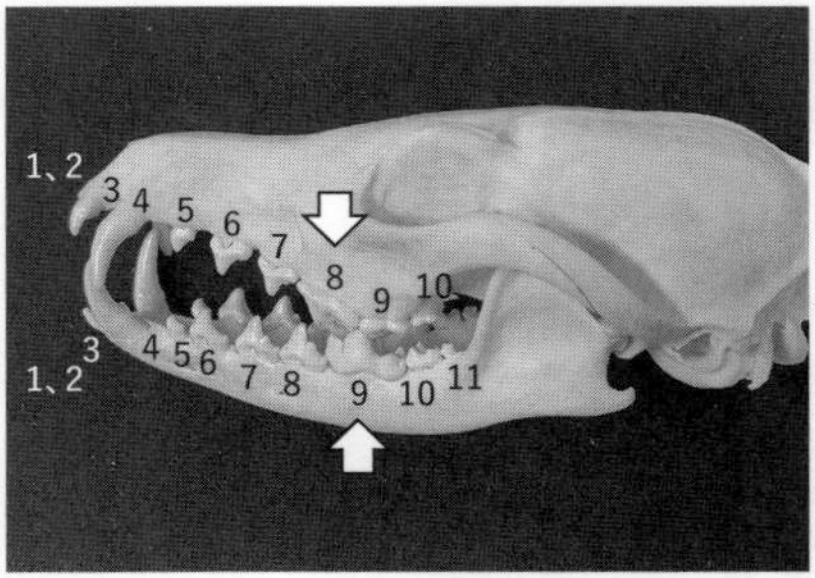

図2-1　キツネの頭骨と裂肉歯
上側は前から8番目、下側は9番目の矢印で示された歯が裂肉歯。（撮影：筆者）

に肉を食べるのに役立つ歯を裂肉歯《れつにくし》といい、この特別な歯をもっていることから、キツネは食肉目のなかまなのです。

肉を食べる動物のなかまといえば、イヌやネコなどが思い浮かぶかもしれません。イヌやネコもやはり食肉目のなかまなのですが、キツネの場合、ネコよりもイヌに近く、野生のイヌの1種ともいえます。専門的には、キツネやイヌはイヌ科に、ネコはネコ科に区別されています。確かにキツネの横顔を見ると鼻の先の方がとがっていて、横顔が丸く見えるネコよりも、イヌに似ています。また、足の先の爪に注目すると、ネコは爪を出したり引っ込めたりすることができますが、イヌにはこんなまねはできません。キツネもイヌと同じで爪の出し入れはできません。このように、大まかなイヌとネコの違いは、横顔の形や爪の仕組みなどで分けられるのですが、細かく見ると例外がいくつかあります。

例えば、ネコ科のなかまのチーターなどは、動物の中で最も足の速い動物のひとつに数えられますが、足の爪は出たままで、引っ込めることはできません。逆にイヌ科のなかまのうち、アフリカの北部からアラビア半島の砂漠地域に生息する小さなキツネ、フェネックギツネなどは、横顔が丸っこく、一見するとネコのような顔つきです（**口絵37**）。日本に住むタヌキも、同じくイヌ科のなかまですが、その丸っこい顔つきは、キツネ顔というよりはネコ顔といえるかもしれません（**図2-2**）。では、正確に見分けるにはどうしたらよいのでしょうか？　実は、イヌのなかま（イヌ科）なのか、ネコのなかま（ネコ科）なのかを見分ける確実な手がかりは、耳にあります。

キツネの頭の骨を裏返して下側から眺めると、目や鼻や口があるのとは反対側の後頭部の左右が丸くふくらんでいます。このふくらんだ部分は耳の一部です。ここでは、耳に入ってきた小さな音を、鼓膜という太鼓の皮のようなものに伝えて、その太鼓の皮の小さな動きを、ふくらんだ部分の部屋の中で大きな音に変える働きをしています。ちょうど、大きな音を出すスピーカーのようなものですね。このスピーカーの中には、鼓膜に伝えられた音の動きを骨の動きに変える小さな骨がおさまっています。そして、この骨がおさまる部屋（鼓室）の中に壁（胞中隔）があるのがネコ科、ないのがイヌ科といった具合に、はっきりと区別できます（**図2-3**）。

このようなちょっとした違いなのですが、これは、何万年も前に残された祖先の動物の化石の骨を、細かくていねいに調べていくことで区別されてきました。祖先の動物でたまたま生じた小さな違いが、そのイヌのなかまの子孫にあたるキツネまで代々受け継がれてきたものなのです。

図2-2　タヌキ

キツネはイヌのなかまなので、キツネとイヌのご先祖さまは同じです。今から３４００万〜９００万年前に北アメリカに生息していたレプトキオンというキツネに似た姿のイヌの祖先から、１８３０万〜１３８０万年前ごろにキツネのなかまが生まれたと考えられています。そして、北アメリカとユーラシア大陸が、アラスカとシベリアの間で陸地になっていた、６００万年前ごろにユーラシア大陸へと渡ってきて、その子孫が今のキツネとなりました（**図2-4**）。

日本のキツネ

日本に住むキツネは1種類だけです。おとなりの韓国や中国に住むキツネも同じ種類です。さらにいえば、ロシアにも、ヨーロッパの国々にも、アメリカにも同じ種類のキツネが住んでおり、世界的には「アカギツネ」と呼ばれています。学名で「*Vulpes vulpes*」といいます。書くときには、ちょっとしゃれた形でななめにかたむけた字を使って表します。学名というのは、世界に

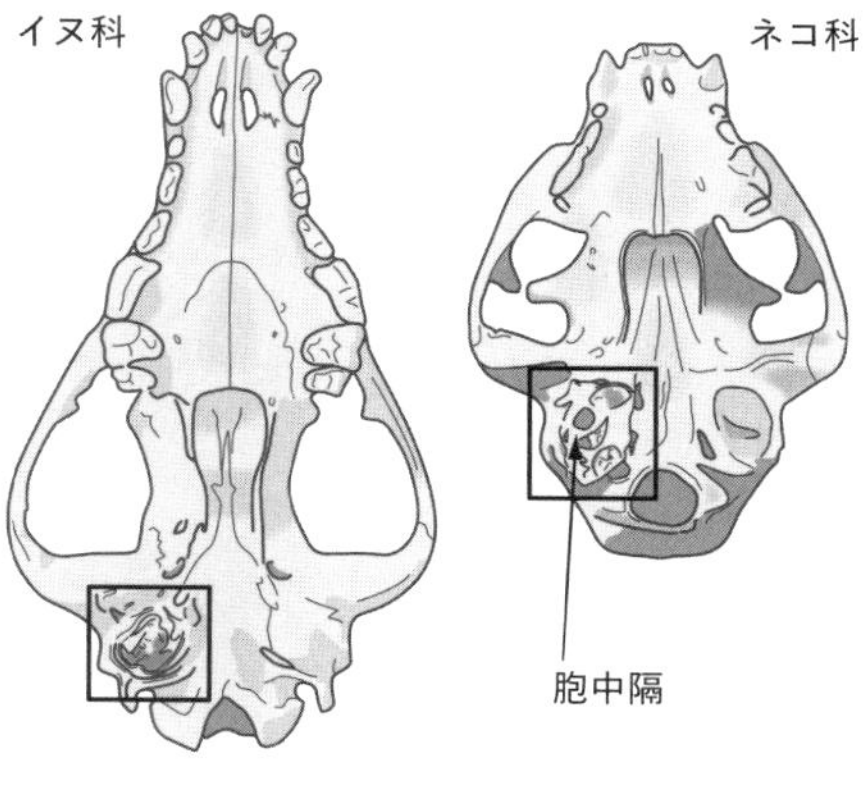

図2-3　イヌ科、ネコ科の頭骨と鼓室胞中隔
鼓室内に壁（胞中隔）があるのがネコ科、ないのがイヌ科。なお、鼓室は同部分の骨を水平に切ることで中を確認できる。
[Wang & Tedford(2008) より作成]

通じるひとつだけに決められた生きものの名字と名前のようなもので、名字にあたる部分を「属名」、名前にあたる部分を「種小名」といいます。アカギツネの場合、「キツネ」さんちの「キツネ」くんといったところでしょうか。学名はラテン語で書くという決まりがありますが、キツネの学名を表す「*vulpes*」という言葉自体が、そもそも「キツネ」という動物のことを指していたようです。なお、古くは「*volpes*」や「*wolpis*」とも書かれました。

しかし、北海道に住むキツネは「キタキツネ」と呼ばれ、本州より南に住むキツネは「ホンドギツネ」と呼ばれることもあります。これは、そもそも住んでいる場所が違うことに加えて、形や色や大きさといった特徴に違いがあることに注目した区別で、「亜種」といわれています。亜種名では、キタキツネを「*Vulpes vulpes schrencki*」と呼び、ホンドギツネは「*Vulpes vulpes japonica*」と呼びます。両者の違いとして、毛色がやや異なっています。キタキツネは、鼻づらの横の部分に黒い〝ぶち〟が目立ちますが、ホンドギツネではこの黒いぶちがまったくないか、あってもあまり目立ちません

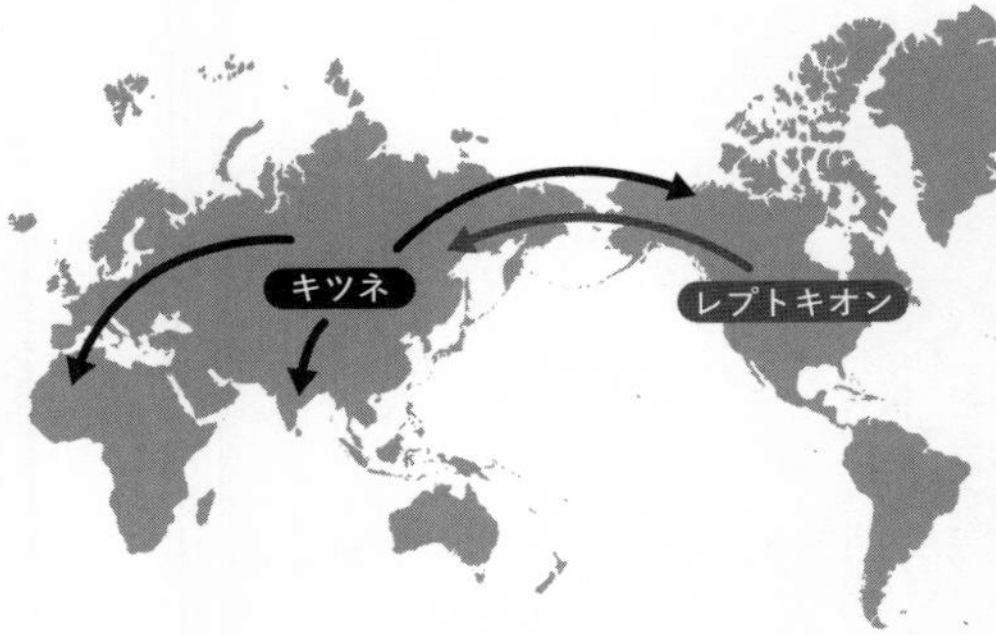

図2-4　レプトキオンとキツネの移動

（口絵4）。しっぽの付け根の上の方も、キタキツネでは黒い毛の部分が目立ちますが、ホンドギツネではこの黒い部分がほとんどないか目立ちません。また、キタキツネの足先の前の方は靴下をはいたように黒くなっていますが、ホンドギツネではこの黒い部分がほとんどないか、あっても薄く目立たない場合が多いです。さらに、キタキツネの毛色はオレンジから黄色のあざやかな色合いですが、ホンドギツネの方は薄灰色がかったくすんだオレンジ色で、特に横から見たときの体のしっぽ側、とりわけ後ろ足の上の方の毛が灰色がかって見えます。

さらに、キタキツネとホンドギツネの頭の骨の形を細かく比べてみると、キタキツネの方が〝細おもて〟で、頭の骨の幅がホンドギツネよりもほっそりとしています。下のあごの長さにも違いがあり、キタキツネの方が短く、鼻づらがホンドギツネほどでっぱっていません。また、歯の大きさも違っていて、キタキツネの方が奥歯（臼歯）とその前の歯（前臼歯）がホンドギツネよりも大きいことがわかっています。ただ、キタキツネとホンドギツネの骨を見比べて、両者を見分けられるかというと、筆者にはそんな自信はありません……。

キタキツネとホンドギツネの間には、その体をかたちづくる設計図である遺伝子にも違いがあることが知られています。遺伝子は親から子へと受け継がれます。そのため、子の遺伝子には親がもっていた遺伝子の一部が伝わっています。逆にいえば、子がもっている遺伝子がわかれば、親からどんな遺伝子が伝わってきたのかを知ることができます。子がもっている遺伝子が、子ども同士で比べたときに違っていれば、違う親から生まれてきた子であることがわかるはずです。さらに、子から親へ遺伝子が伝わった道すじを、子の親の親、すなわちおじいさんやおばあさん、さらにその親であるひいおじいさんやひいおばあさん、といった具合にどんどん先祖までさかのぼると、どこかでこの違いが交わる部分が出てきます。このようにさかのぼっていって、子孫に伝わってきた遺伝子の違いが、祖先のどこで、つまりどの時点で生まれたかを明らかにすることを「系統分類」といいます。

遺伝子の違いを読み取って世界中のキツネたちの親戚関係を調べていったところ、大きく4つのなかまに分かれることがわかりました。ご先祖さんまでつながる違いですから、イヌでたとえると、日本犬と西洋犬といった犬種の違いのようなものでしょうか……。その研究によると、①ヨーロッパからロシアをまたいで、アメリカのアラスカにまで広がるなかま、②北アメリカのアラスカよりも南側のみに広がるなかま、③アラブの砂漠が広がる地域から私たちの住むアジアまで広がるなかま、④アフリカの北の方の一部の地域にのみ広がるなかまに区別できるようです（**図2-5**）。こうした関係でいうと、日本のキタキツネとホンドギツネはともに①の最も広い地域で暮らすなかまにあたります。

また、日本へキツネの祖先がやってきた年代を考えると、ホンドギツネの方が古く、今から4万～1万年くらい前だったとされています。その後に日本へやってきたのがキタキツネで、今から1万〜4000年ほど前だったと考えられています。つまり、日本に暮らすキツネは、ホンドギツネの方が先輩にあたるわけです。

世界のキツネとそのなかまたち

キツネのさらに遠い親戚関係にも注目してみましょう。現在、世界中には12種類のキツネのなかまが暮らしています。大きさはさまざまで、最小のキツネはアフリカの北部に暮らすフェネックギツネ（**口絵37**）です。大きな耳をもつフェネックギツネですが、小さな個体では体重が1kg以下です。最近ではペットとして飼われることもあ

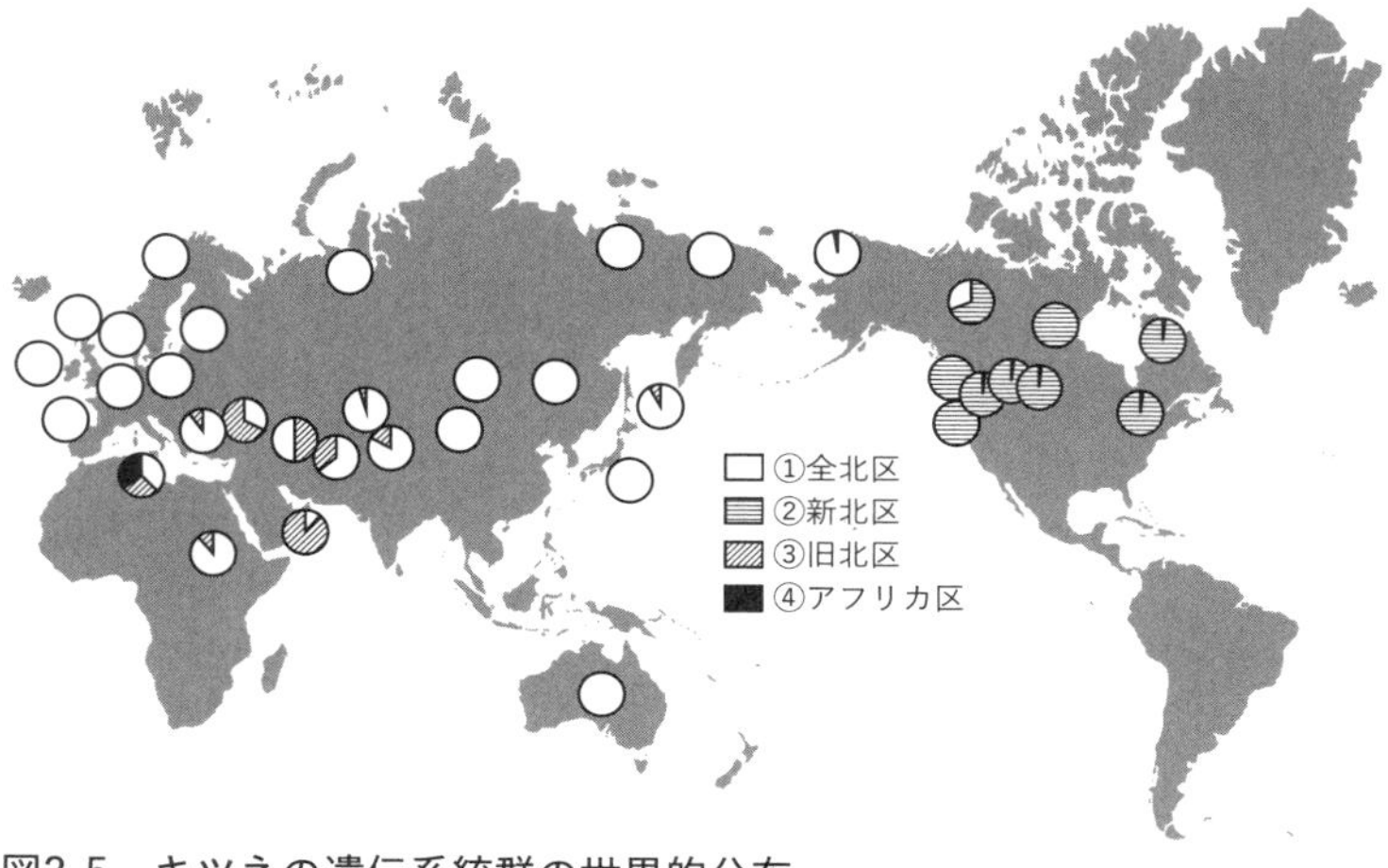

図2-5　キツネの遺伝系統群の世界的分布

DNA解析により、アカギツネという同じ種の中でも、大きく4つの遺伝系統に区別できることがわかっている。また、その系統は①〜④の動物地理区とほぼ対応する。

［Stathamら（2014）より作成］

るようです。[※1] 一方、最大のキツネは実は日本にも暮らすアカギツネで、フェネックギツネの4～5倍の重さになります。他にも、アフリカの乾いた地域に暮らすオオミミギツネは、フェネックギツネと同じく大きな耳をもった小さなキツネで、シロアリを主なエサとしています（**口絵38**）。また、北の果てには、冬になると雪のようにまっ白な毛でおおわれるホッキョクギツネが暮らしています（**口絵39**）。その美しい毛は、毛皮としても利用されることがあります。さらに、おとなりの中国の高原地域には、チベットスナギツネという一風変わったキツネが暮らしています（**口絵40**）。足が短く、顔が体に比べて大きく見え、さらに目が細くて長いので、なんとなくキツネらしくない顔つきです。主にナキウサギを食べて生活しています。

このように、世界を見わたすと実にさまざまなキツネのなかまたちが暮らしていますが、似ているところもいくつかあります。それは、昆虫やネズミなどの小さな動物をエサとしていることと、こうしたエサをひとりだけで捕まえて食べていることです。この章の初めの方で、キツネは大きく分けるとイヌのなかまだということを紹介しました。イヌのなかまには、オオカミなど、群れのなかまたちと一緒になってバッファローやヘラジカといった大きな動物を狩りながら暮らすものもいます。一方、キツネのなかまは、最大でも日本に暮らすアカギツネぐらいの大きさしかありませんから、例えば日本に生息するシカやイノシシのような獲物を捕まえることは簡単ではないでしょう。

また、キツネのなかまがエサとする動物は小さく、ひとくちで飲み込めるため、オオカミたちのように自分たちで狩った獲物を、他の個体と分け合うことはできません。よって、キツネのなかまたちは単独で狩りをして暮らすことが多くなっているのです。このように、キツネの食べものとその暮らし方はつながっているといえるでしょう。

※１　フェネックギツネは、「絶滅のおそれのある野生動植物の種の国際取引に関する条約（ワシントン条約）」により、「現在は必ずしも絶滅のおそれはないが、取引を規制しなければ絶滅のおそれのあるもの」として輸出入が規制されている。

2

キツネの住むところ

さて、キツネのなかまがたくさん出てきましたが、ここからはアカギツネのことを「キツネ」と書くことにします。

キツネの分布 ～世界が舞台～

先ほどもすこし触れましたが、キツネは世界中のいたるところで暮らしています。世界地図を広げてキツネが住むところに色をつけてみると、色のついていないところを見つける方が難しいくらいです（**図2-6**）。実はキツネの暮らす範囲は、陸に暮らす哺乳動物の中で、私たち人を除いて最も広いと考えられています。では反対に、キツネがいないところに目を向けるとどうでしょう。南アメリカから北アメリカの南側や、オーストラリア北側の東南アジアの島々、アフリカ大陸の多く、氷の北極圏などであることがわかります。

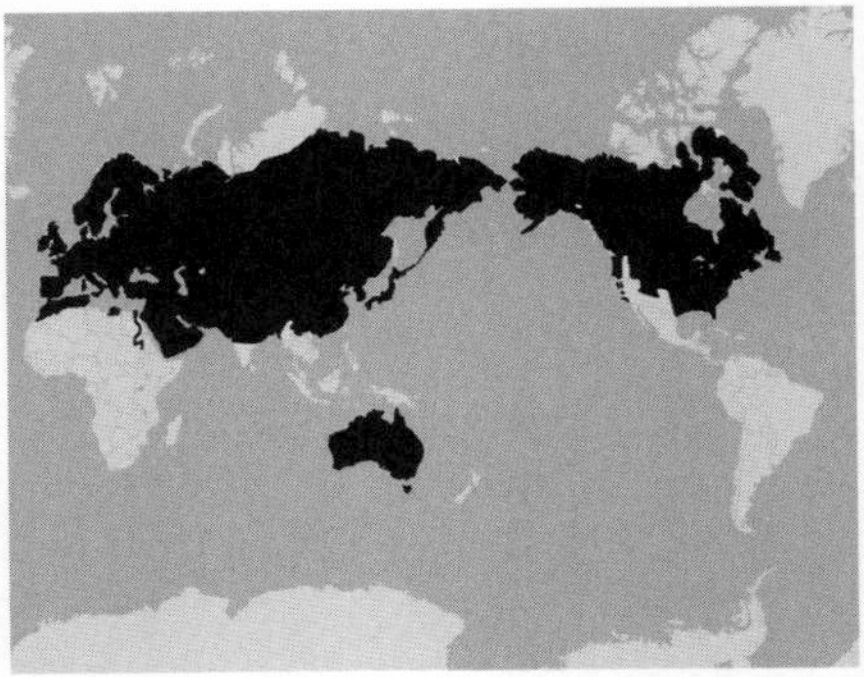

図2-6　キツネの分布

こうしたところにキツネが暮らしていないのはなぜでしょうか？　実は、別のキツネのなかまたちが暮らしていて、アカギツネがうまく入り込めないからです。例えば、北アメリカの南側には、木登りの上手なハイイロギツネ（**口絵41**）や、ちょっと小ぶりのキットギツネが暮らしています。さらに南アメリカには、この大陸固有のイヌのなかまたちが暮らしています。例えば、キツネの名前がついているパンパスギツネやクルペオギツネ、チコハイイロギツネ、さらに似たなかまのスジオイヌやカニクイイヌなどです。スジオイヌやカニクイイヌは、日本での呼び方では「イヌ」ですが、英語では、「ホーリーフォックス」、「クラブイーティングフォックス」といい、それぞれ「薄い灰色のキツネ」、「カニを食べるキツネ」という意味になります。またアフリカには、フェネックギツネやオオミミギツネの他にも、オジロスナギツネやオグロスナギツネ、ケープギツネなどが暮らしています。

　キツネが暮らしているところの中でも、オーストラリアだけはすこし特別です。オーストラリアといえば、カンガルーやコアラのような、おなかに袋をもち、その中で子どもを育てる風変わりな動物たち（専門的には「有袋類《ゆうたいるい》」といいます）が暮らしています。もともとはこうした袋をもつ動物たちばかりで、キツネのようなおなかに袋をもたない動物（専門的には「真獣《しんじゅう》類《るい》」といいます）は、コウモリやネズミのなかまを除いて住んでいませんでした。

　しかし、今から２００年以上前に、ヨーロッパの人たちがオーストラリアに渡ってそこで暮らすようになったとき、ふるさとを懐かしんだ人たちが自分たちの暮らしていた国からキツネを連れてきてオーストラリアに放しました。するとキツネたちは、自分たちの優れた狩りの能力を使って、もともとオーストラリアに暮らしていた小さな鳥やけものたちを捕まえては食べ、その生息数を増やしていきました。そして今では、オーストラリアのいたるところでキツネが暮らすようになっています。

残念なことですが、キツネの数が増えていくのにつれて、キツネに食べられた飛べない鳥や、袋をもった小さな動物たちの数が減っていき、この地球上からいなくなってしまうこと(「絶滅」といいます)が心配されるようになりました。そこで最近では、キツネを減らすため、毒エサをまく取り組みがなされています。かわいそうですが、オーストラリアにしかいない飛べない鳥や、袋をもった小さな動物たちを救うためには、必要なことだと考えられています。

草原がキツネのふるさと

キツネが好んで暮らすのは、原っぱのような開けたところと木の生えた林とがまざっている場所です。世界で木がたくさん生えているところといえば、雨がたくさんふって暖かい熱帯のジャングルですが、そこからすこし北側に行くと、ちょっとだけ寒くなり、雨も少なくなります。そして、大きな木が育ちにくいので、見通しのよい草原が広がっています。このようなすこし雨の少ない、乾燥したところで、キツネの祖先は生まれました。世界地図で見るとアラブ地域のあたりになります。ご先祖さまが生まれたところがこんな環境だったためか、キツネは木がいっぱい生えたところよりも、ちょっと開けたところが好きなようです。

そんな場所が近くにあるならば、実際にキツネが残した手がかりを探しに野山へ出かけてみましょう。冬に雪が積もると、キツネの足跡が雪の上に残るので、足跡をたどってキツネがどんなところを通っているのかを知ることができます（**口絵18**）。足跡は林の中へと続いているかもしれません。けれども、こうした足跡をさらに先へとたどって行くと、そのうちに林がとぎれて開けたところへと出てくることでしょう。１頭のキツネが暮らす範囲の中には、このように林と開けた場所とが交互にあらわれてくるはずです。実際、林と畑がとなり合ったところなどで林に沿って歩くと、足跡が一直線に続く、とても特徴のあるキツネの足跡をたくさん見つけられます。こんなところをキツネがよく歩きまわっているのですね。さらに、足跡の近くには、ちょっとした掘りあとが見つかるかもしれません。キツネが好んで食べる野ネズミは、雪や草むらの下にかくれているので、野ネズミを捕まえるのに雪や土を掘り返したりしているのです。

巣穴は子どものゆりかご

野山でキツネの子どもを見かけたことがある方なら、子ギツネたちがあなたの姿を見て逃げた先に20～30㎝ぐらいの穴が開いているのに気づいたかもしれません。これらはキツネの巣穴です（**図2-7**）。キツネは自分たちで巣穴を掘ります。巣穴の入り口はいくつも開いている場合があり、例えば、熊本県の矢部（現・山都町の一部）で掘り返されたキツネの巣穴は、9つの入り口があって中が迷路のように複雑につながっていました。巣穴の長さを足し合わせると全部で30ｍほどにもなります（**図2-8左**）。入り口の数が多いほど、巣穴の全長も長くなるようです。

九州のキツネの巣穴には部屋のような場所は見あたりませんが、草や木がしかれたベッドのようなところがあります。島根県のキツネの巣穴では、部屋のようなふくらんだ部分がいくつかあり、入り口の部屋には松の葉をすこししいたベッドが確認されています。北海道斜里郡小清水町で暮らすキタキツネが掘った巣穴にも、やはりちょっとふくらんだ部屋のような部分があって、ここが主に寝る場所になっていたようです（**図2-8右**）。ただし、九州や島根県の

図2-7　キツネの巣穴の入り口
入り口の大きさは約20～30㎝。
（撮影：筆者）

ホンドギツネの巣穴で見られた草や木がしかれたベッドは確認されていません。

　キツネの巣穴を掘り返すのはとても大変で、これまでに調べられた数はあまり多くありません。そのため、こうした巣穴の内側の違いが、ホンドギツネとキタキツネではっきりと分かれているのかどうかは、よくわかっていません。

なお、本州には北海道にはいないニホンアナグマが生息していますが、ニホンアナグマがキツネと同じ巣穴を使うことがあります（**図2-9**）。ニホンアナグマは巣穴に草を引き入れてベッドにするこ

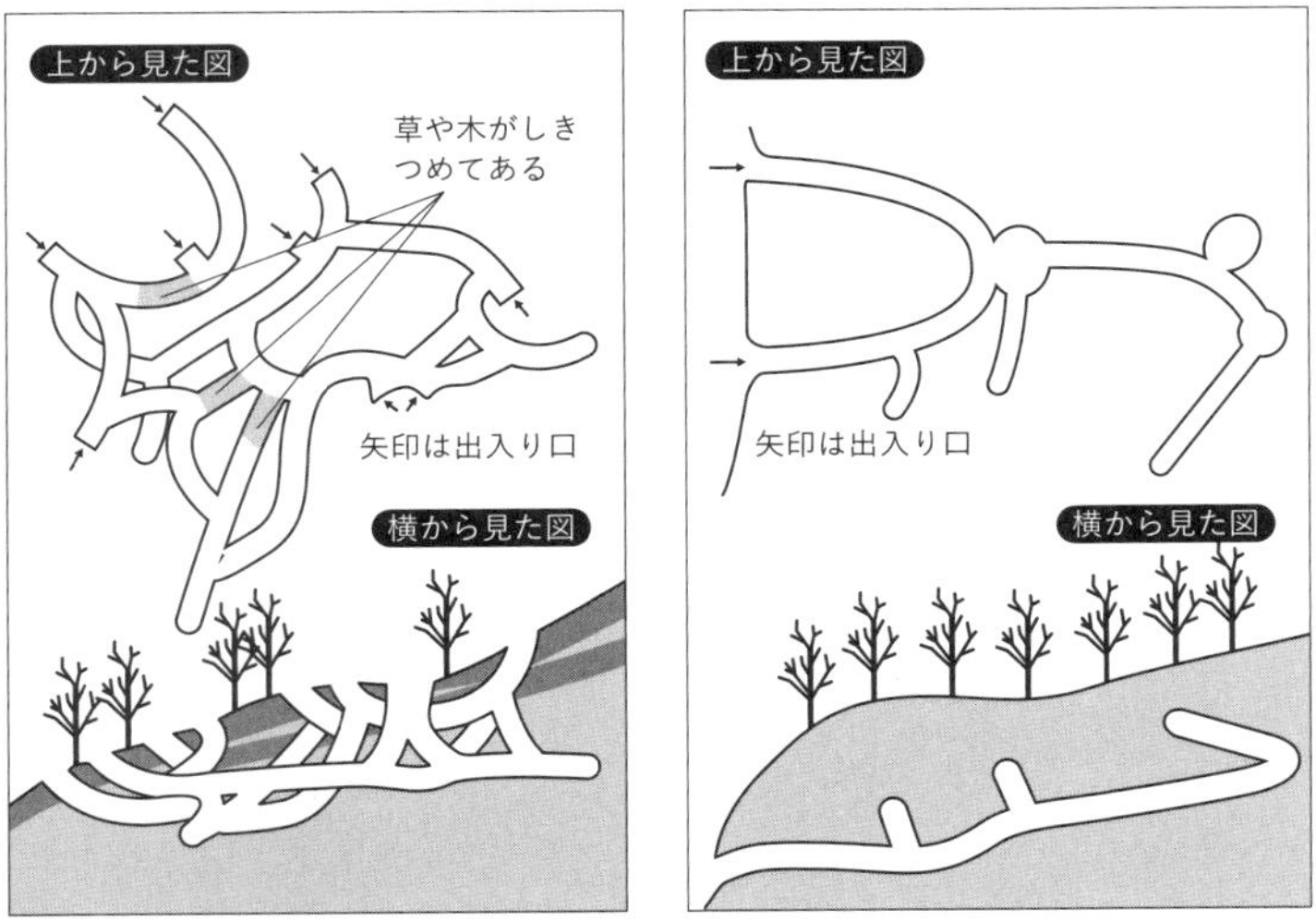

ホンドギツネ　　キタキツネ

図2-8　キツネの巣穴の内部構造
［左：中園（1970）を改変　右：竹田津（1973）を改変］

とがあるので、九州や島根県で確認されているベッドは、もしかしたらアナグマのしわざかもしれません。

キツネが巣穴を掘って暮らしていることは、童話『ごんぎつね』にも出てきますから、知っている人は多いかもしれませんね。けれども、おとなのキツネが、こうした巣穴の中でねむることは、あまり多くありません。実際におとなのキツネが巣穴の中に入るのは、母ギツネが子ギツネを産むときぐらいです。母ギツネについても、子ギツネを無事に産み終えると、穴の中に入ることはほとんどなくなります。つまりキツネの巣穴は、子ギツネたちがかくれて休む場所であり、いわば〝ゆりかご〟みたいなものなのです。

キツネの巣穴は、畑から山へと続く斜面や川の土手など、まっ平らな場所よりも、地面がややかたむいた斜面に多くつくられます。林の奥の方よりも、畑や原っぱ、牧草地などの開けた場所からすこし林の中に入ったくらいのところに多いようです。土がかたすぎず、掘り返しやすいところが好みの場所ですが、こうした場所が見つからないと、ごろごろした岩の割れ目やそのすき間、またはコンクリートなどの残がいが積み上がったすき間や土管など、さらには人の住んでいない家や物置の床下なんてところも巣穴に使われます。キツネの巣穴選びには、個

図2-9　ニホンアナグマ

体ごとの好みにかなりの幅があるといえるでしょう。

キツネはとてもひっこし好きです。子育てをしている間、巣穴のひっこしを何度も行います。巣穴ではかわいい子ギツネたちの姿が見られるので、子ギツネを見ようとウキウキと巣穴に出かけても、誰もいないなんてことがたびたび起こります。子ギツネたちは小さくてか弱いので、危険がいっぱいです。巣穴に近づくのは、キツネ好きの研究者だけではありません。子ギツネを狙う野犬や猛禽類《もうきんるい》（ワシやタカのなかま）なども近づきます。子ギツネが襲われて、殺されたり食べられたりしてしまうことも起こります。こうした敵にすこしでも見つからないように、キツネは巣穴のひっこしを繰り返して、目くらましをしているのでしょう。また、ひっこしをすると、新しもの好きの子ギツネたちが巣穴のまわりを探検しはじめます。ひっこしは、子ギツネたちが自分たちの知らない世界で、すこしずつ経験を増やしていくのに役立っているのかもしれません。

キツネも都会暮らし？

キツネは主に開けた場所と林がまざった野山で暮らす動物ですが、その一部は都会でも暮らすようになっています。例えば北海道の最も大きな都市、札幌市では、ビルが立ちならぶような場所で、実際にキツネの家族が暮らしています。こうしたキツネたちは「都市ギツネ」と呼ばれています。札幌市では、今から50年ほど前になる1970年代のなかばごろからキツネが町の中で見かけられるようになり、1988年にはキツネの家族が町で暮らしはじめるようになりました(**図2-10**)。

町に暮らす都市ギツネが見られるのは、日本だけではありません。海外でもこうしたキツネがいることがさまざまな調査により確認されています。日本よりももっと古くからキツネが町で暮らすようになったのはイギリスです。札幌市で確認されるはるか昔、1930年代ごろから大都市のロンドンで確認されています。他にも、フランス、デンマーク、ノルウェー、ドイツ、カナダ、アメリカ、オーストラリアなどの国々でキツネが町暮らしをしています。

イギリスでキツネが都会に暮らすようになったのは、都市の郊外に広がった、2軒で1棟となっている住宅地の裏庭へ出てくるようになったことがはじまりだとされています。こうした住宅地の裏にある物置の床下をかくれ場所や巣穴として利用し、小鳥のエサ台や花だんの堆肥

図2-10　北海道札幌市の市街地に出没した都市ギツネ
(提供：八木欣平氏)

場などから食べられるものをちょうだいする。さらには庭の芝生にはい出てくるミミズを狩っておなかを満足させる。このような生活に慣れていったキツネたちが、だんだんと都会へも進出するようになったのだと考えられています。

日本の都市ギツネも同じようにして町で暮らすようになったのでしょうか？　日本の都市には、大きな裏庭のある戸建て住宅は多くないため、イギリスのようなかたちで都市ギツネが生まれたわけではなさそうです。日本の都市ギツネがいち早く確認されるようになった札幌市で、都市ギツネのいる場所を調べてみたところ、公園や川沿いに残された樹林地などを好んで利用していることがわかりました。一方、建物と人が密集するような人口が集中するところは避け、町の中であっても緑が多く残されているような「町のすき間」を見つけ出して暮らしていました。つまり、町の外側で暮らしていたキツネが、そこからしみ出るように町の方へとその生息場所を広げていったために、都市ギツネが生まれたと考えられます。

3

キツネの一生

キツネは、1年の季節の移り変わりにあわせて、交尾、出産、子育て、ひとり立ちといった大きなイベントを繰り返しながら一生をすごします（**図2-11**）。

交尾から出産

キツネの両親は真冬の寒い時期（日本のある北半球だと1〜2月ごろ）に恋の季節を迎えて交尾をします。母ギツネは51〜53日ほど赤ちゃんをおなかの中で育ててから、春に（日本だと3〜4月ごろ）、準備していた巣穴の中で子ギツネを産みます。生まれてくるのはだいたい3〜5頭で、

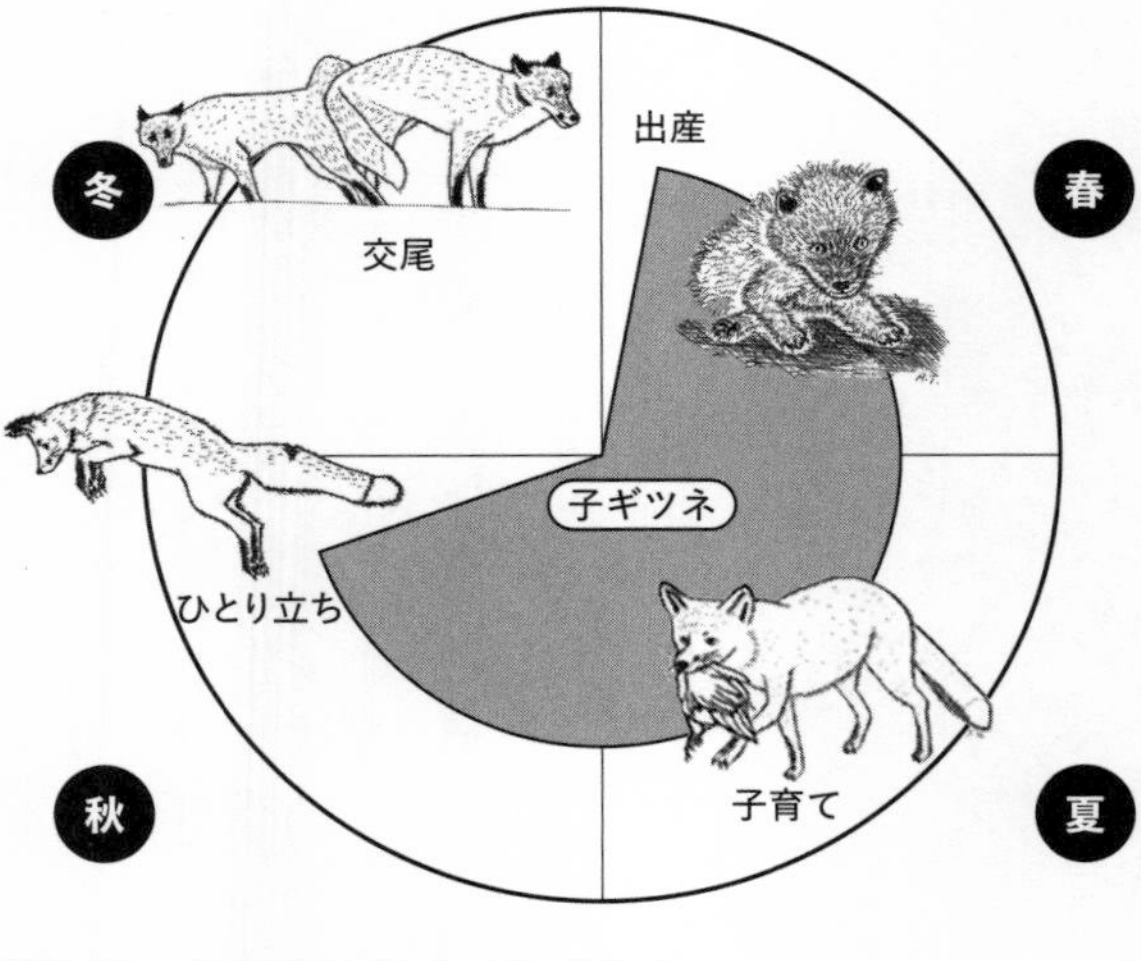

図2-11　キツネのライフサイクル
（イラスト：筆者）

生まれたときの体重は１００ｇほどしかありません。赤ちゃんの大きさは、鼻の先からしっぽの付け根までが15㎝ほど、しっぽの長さは６㎝ほどです。体全体が黒っぽい灰色のふわふわした毛でおおわれていますが、しっぽの先だけは、生まれたときから白い子どももいます。顔は丸っこくて、親ギツネのように鼻の先もあまりとがっていません。目はまだ開いておらず、耳もふさがったままです。自分の体温を保つこともうまくできないので、母ギツネに体を温めてもらわないとなりません。また、自分で排泄することもできません。ですから、母ギツネにおしりをなめてもらって、子ギツネはフンや尿を出します。母ギツネはそれをきれいになめとってくれます。なんてやさしいお母さんなのでしょうね。

子ギツネの成長

とても未熟な状態で生まれてきた子ギツネも、母ギツネからお乳をもらい、すくすくと成長していきます（**口絵33～36**）。生まれてから１～２週間で目が開き、耳も聞こえるようになります。小さな子ども時代の歯（乳歯）も、目が開いてから数日すると生えてきます。目が開いたとき、瞳の色はきれいな水色をしています。これが、成長していくと親と同じような黄金色に変わっていきます。毛色の方も、生まれてから２週間ぐらいでこげ茶色に変わります。８週間もすると、親と同じようなキツネ色になります。

また、生まれてから4週間くらいまでは、毎日15～20gほどのペースで体重が増えていきます。このころになってようやく、子ギツネたちが巣穴の外に出てくるようになります。

巣穴から出てきた子ギツネたちはすぐに外の世界を探検しはじめます。最初のうちは、母ギツネが子ギツネを見張っていて、子ギツネが巣穴から遠くへ離れていこうとすると、母ギツネが先まわりして子ギツネを捕まえ、くわえて巣穴へと引きもどします。それでも子ギツネたちは、まわりの動くものやにおいのするものに興味を引かれてうろつきまわり、母ギツネを心配させます。

また、母ギツネはまわりを注意しながら、立ったままで子ギツネたちに乳を与えます（**口絵31**）。母親のおなかには4つの乳房が向かい合わせに8つあります。子ギツネたちは母ギツネのおなかの下にまわりこんでこれをくわえ、上を向きながら母乳をもらいます。巣穴の前では、そんな光景が、子ギツネが生まれてから6～7週間くらい続きます。

一方、生まれて4週間もすると、子ギツネは母ギツネや父ギツネが運んできた固形のエサも食べはじめます。親ギツネがエサをくわえて巣穴へ近づくと、のどの奥からしぼりだすような低い声で「グッグッグッグッ」と鳴きます。そうすると、子ギツネたちが巣穴からあらわれて、エサをくわえた親ギツネの口元を下の方からつつくようにして、エサをねだります。

母ギツネ（や父ギツネ）が出す「グッグッ」という子ギツネを呼ぶ声ですが、筆者はこのものまねが得意です。あるとき、母ギツネがいないのを確認して、巣穴に近づいてこの声をまねてみました。すると、母ギツネが呼んでいると聞きまちがえた子ギツネたちが、巣穴の外へと飛び出してきました。出てきたものの、母ギツネがいないのがわかると、あわてて巣穴に逃げ込もうとします。そこで、もう一度この声を出すと、子ギツネたちは振り返り、声のする方へと、つまりもう一度筆者に近づいてくるのです。こんなやりとりを繰り返して（子ギツネたち、ごめんなさい！）、キツネの巣穴に子ギツネが何頭かくれているのかを調べたりもしました。

巣穴の周辺では子ギツネたちが遊びまわるので、運動場のようになります。たくさんの足跡や食べ残しが巣穴のまわりにちらかった状態になるので、子ギツネたちが住んでいることがすぐにわかります。動物の骨や鳥の羽、中身をちょうだいしたと思われる食べものの容器などの他に、人里から持ってきた靴やおむつが転がっていることもあります。

巣穴のまわりで遊びに夢中になる子ギツネたちですが、そこにはさまざまな危険がひそんでいます。野犬や放し飼いのイヌが近づいたり、カラスに攻撃されたりもします。そんな危険をいち早く見つけるために、巣穴のまわりでは母ギツネや父ギツネが見張っています。そして、外敵を見つけた親ギツネたちは、「ウォーン、ウォーン、ウォーン」という、イヌの吠え声にも似たとても大きな声で鳴きます。この声を聞いた子ギツネたちは、急いで巣穴の中に逃げ込みます。この声は危険を知らせる鳴き声なのですね。成長していくと、親ギツネだけでなく子ギツネ自身も危険を感じたときに鳴くようになります。誰かが鳴いた声を聞いたら、きょうだいたちもいっせいに巣穴へ逃げ込んでいきます。

巣穴のひっこしと実習旅行

前述のように、キツネは何度も巣穴のひっこしをします。母ギツネは自分が巣穴を離れるときに子ギツネがついてこようとするのを、いつもは軽く噛んだりして許しません。けれども、ひっこしをするときはそれを許し、むしろ自分が先導して、子ギツネがついてくるのをしんぼう強く待ちます。子ギツネが母親に近づくと、母親は動き出すことを繰り返し、まるで「だるまさんがころんだ」のような感じで、徐々に巣穴を離れていきます。しかし、巣穴から離れるのをいやがる子ギツネがいると、ひっこしできずにひとりで元の巣穴に残されてしまうことがあります。そんなとき子ギツネは、さみしさのためか「ウォウウォウォン、ウォウウォウウォン」と悲しげに鳴きます。筆者が観察したときには夜どおし鳴き続けた子ギツネもいました。それでも数日後には、こうした子ギツネも新しい巣穴へ無事にひっこしすることができます。どうやら母ギツネがちゃんと迎えにきているようです。

生まれてから3ヵ月をすぎたころ、ひっこしのときと同じようにして、母ギツネが巣穴を離れるときに子ギツネがついてくるのを許し、自分の住んでいる地域を一緒に歩きまわることがあります。「実習旅行」と呼ばれるものです。この小さな旅の中で、子ギツネたちはなにが食べられるものなのか、なにが危険なのかを親ギツネから学ぶことになります。イギリスでは、キツネが大きなミミズをよく食べているのですが、親ギツネがくわえたミミズを土からひっぱり出し、そのままの状態で子ギツネにミミズを食べさせることも観察されています（➘第３章参照）。また、ネズミなどを捕まえてから、殺さないで子ギツネの前に放し、子ギツネ自身でネズミを捕まえて食べさせることもします。まるで狩りの仕方を教えているようですね。

旅立ちからおとなへ

生まれて４ヵ月をすぎたころから、母ギツネの子への態度が大きく変わります。第４章でくわしく説明しますが、母ギツネが子ギツネを攻撃する「子別れ」の時期を迎え、子ギツネたちはひとり立ちしていきます。半年もすると、子ギツネはおとなと変わらないぐらいの大きさまで成長し、自分ひとりでエサを得て暮らすようになります。もう立派なおとなのなかま入りです。このころから、子ギツネたちの多くが、親と一緒に暮らしていた場所から旅立っていきます。

メスの子ギツネの一部は親もとに残ることもありますが、オスの子ギツネたちのほとんどは、親もとを離れます。とても長い距離を旅するケースもあり、その際の距離は数百㎞にもおよびます。うまくお嫁さんを見つけることができたオスのキツネは、そこを自分の新しいすみかとして暮らすようになります。しかし、こうした見知らぬ場所を旅する間に、多くの若いキツネたちが命を落とします。あるものは交通事故で、またあるものは狩猟によって。生まれたキツネが10頭いた場合、そのうちの8〜9頭は1歳の誕生日を迎えるまでにその生涯を終えます。

老いと死

1歳以上まで生きのびることができるのは、一緒に生まれたきょうだいたちのほんの一部でしかありません。平均寿命は「0歳で生まれた子どもが平均すると何歳まで生きられるか（これを余命といいます）」を計算するのですが、このように調べると、寿命は1歳前後にしかなりません。それでも、2〜5歳くらいになると、毎年6〜7割が生き残るようになります。筆者が北海道の知床半島で調べたとき、疥癬《かいせん》という病気がはやるまでは、8〜9割のキツネが次の年まで無事に生き残っていました（↓**コラム8**）。

世界中の野生のキツネの中で最も長生きした例は、北海道のキタキツネで、14歳のメスのキツネでした（↓**コラム2**）。それでも一般的な野生のキツネの場合は、6〜7歳までに、100頭生まれたうちの99頭は死んでしまいます。野生の生活はとても厳しいのです。私たち人間の社会では、おじいさん、おばあさんをたくさん見かけますが、キツネの世界ではお年寄りに出会うことはとても稀《まれ》なことなのです。

４ キツネの毎日

キツネの夕方

キツネの１日は日が暮れるころからはじまります。筆者がキツネの巣穴や休み場の前で、キツネを観察するために待っていたとき、キツネの姿があらわれるのは、たいてい太陽の日差しがかげりはじめる夕方の時間帯からでした。もちろん例外はあります。昼間、巣穴の前でしんぼう強く待っていると、ひょっこり子ギツネが巣穴からあらわれて、かわいらしい遊び姿を見せてくれることがあります。また、母ギツネや父ギツネがエサを運んできて、子ギツネたちに食べさせるほほえましい姿をたまに見かけます。それでも、キツネが活発に動きはじめる時間の多くは、きまって夕方です。私たち人間が、日がのぼって明るくなると「朝がきた、１日のはじまりだ！」と感じるように、キツネにとっては、日が暮れて暗くなると、「さあ、暗くなってきたぞ、１日のはじまりだ！」と感じるのでしょう。

寝ているところから起き出したキツネは、大きく口を開けてあくびをします。そして、前足をのばして体の後ろの方に体重をかけ、次に体の前の方に体重を移動させて、後ろ足をのばします（**口絵25**）。まるで屈伸《くっしん》運動をするかのようです。それからおもむろに歩きはじめます。まずはいつもの巡回コースに沿って移動します。例えば、筆者が北海道の江別市で観察していたキツネの場合は、道路にかこまれた小さな緑地にあった巣穴から動き出すと、まずは道路を渡り高速道路のフェンスを飛びこえて、道路のわきに広がる草の生えた場所に入ります。その緑地帯にはバッタや野ネズミなどが住んでおり、これらの獲物を探しながら、緑地帯に沿って移動していくのを日課としていました。

キツネの夜

移動をはじめてしばらくすると、すっかり日が暮れてあたりは暗闇につつまれてしまいます。そんな暗闇でもキツネたちは気にせずに歩き続け（キツネは夜も目が見えます）、獲物を見つけては捕まえ、おなかの中におさめていきます。たまに気になるにおいがあると立ち止まって、においを嗅いで確認します。確認が終わると、自分でもすこし尿をしてにおいづけします。オスのキツネはイヌのように片方の後ろ足を上げて尿をしますが、メスのキツネは足を上げないでしゃがんだ姿勢で尿をします（**口絵26**）。キツネが活動する時間の多くは、このように移動するのと、移動途中に食事やにおいづけをすることですぎていきます。たまにフンをしてにおいづけをすることもあります。フンの多くは、通り道のわきにひとつだけ、地面からでっぱったものの上などの目立つ場所にされます。

ひととおりいつもの巡回コースを歩いて、ある程度の食事をすませると、昼寝をします。実際には昼ではないので「夜寝」なのかもしれませんが、数時間も動かなくなる本格的な睡眠ではなく、1～2時間程度の仮眠です。寝場所は本当に行きあたりばったりで、通り道のすぐわきで丸くなります。ねむりながらもまわりの音には聞き耳をたて、顔は自分のしっぽの中にうずめながらも、耳だけはひくひくと動かしています（**口絵24**）。なにか危険がないか、たえず注意をはらっているようです。

知り合いのキツネがやってくると仮眠をやめて一緒に遊んだり、毛づくろいをしたりすることもあります。また、まわりにじゃまされることなく仮眠をとりたいときは、ちょっとしたやぶの中に入って身をかくして丸くなるようです。仮眠を終えると、仮眠前と同じように移動と、道すがらの食事をはじめます。このようにして、キツネの夜はすぎていきます。

キツネの朝

日がのぼり明るくなってくると、身をかくして本格的にねむる場所へと移動していきます。キツネに発信器を装着してその活動性や移動距離などを調べると、暗くなってからの時間帯と明るくなりはじめる時間帯に、より活動するようになり、移動距離が長くなります。そのため、キツネの活動性は、薄明薄暮型《はくめいはくぼがた》と呼ばれることがあります。ただし、この2つの活動性の高まりのうち、朝が近づいてきたときの移動では、どちらかというと食事をすることよりも安心してねむりにつける場所を探すことの方が大事なようです（相変わらず食事は続けていますが……）。長く移動するその先には、エサ場ではなく、今日の寝場所があることが多いからです。

キツネが寝場所に選ぶのは、人目につきにくいちょっとした茂みのような場所です。北海道では、畑や牧草地の間に防風林と呼ばれる強い風を防ぐための林が帯状に広がっています。こうした防風林の中は、チシマザサという大きなササがびっしりと生えていて、ササの中に入ると、外からは人でさえも姿が見えなくなります。こうした防風林のササやぶが、キツネの寝場所としてよく使われていました。この他にも、さまざまな場所が寝場所に利用されており、廃屋のすき間、岩やコンクリートの残がいのすき間、農地をつくるために引き抜いた木の根っこを畑のすみに積み上げたもの（排根線《はいこんせん》といいます）の草やぶ、オオイタドリなどの高い草の茂み、さらには、みっしりと生い茂ったデントコーン（トウモロコシ）畑なども、姿をかくすのにもってこいの寝場所になっていました。

キツネの昼

日が照っている間は、基本的にキツネたちがねむりについている時間帯になります。けれども、おなかをすかせた子ギツネたちにエサを運ばなければならない時期（5〜8月ごろ）は、そうもいっていられないようです。日中でも母ギツネや父ギツネたちがあらわれて子ギツネにエサを運んだり、巣穴の前で子ギツネと遊んであげたりする姿をよく見かけます。親ギツネたちは、特に子ギツネがまだ小さいうちは、巣穴からそれほど離れていない草やぶなどで子ギツネたちを見張りながら、休んでいることが多いようです。そのうち、子ギツネたちが休んでいる巣穴や休み場から離れたところに寝場所をもうけるようになります。

また、若いキツネが親もとを離れて放浪をはじめる9〜10月ごろや、恋の季節にあたる1〜2月ごろも、午前中はともかく午後になると活動性が高まるようです。なわばりに侵入してくる若いキツネを追いはらったり、恋の相手を求めてさまよったりと、いそがしく動きまわることが必要なためなのでしょう。

5

キツネのからだ

意外と小さくて軽い

キツネは皆さんが想像するよりも小さくて軽い動物です。鼻の先からしっぽの先までの全長こそ1mほどですが、しっぽが長く、35cmほどもあります。しっぽだけで体全体の3分の1以上を占めています。体重は4～6kgしかありません。やや太ったネコや小型の室内犬であるシーズーと変わらない程度です。フサフサで立派なしっぽのせいで、見た目では大きく感じられるのかもしれません。

キツネの足のももの部分の骨（大腿骨《だいたいこつ》）を他の食肉目の動物と比べてみると、軽くて長い骨をもっていることがわかります（**図2-12**）。このようにキツネは見た目以上に身軽なため、ジャンプが得意です。このジャンプ力はネズミなどを捕まえるときに役立ちます。

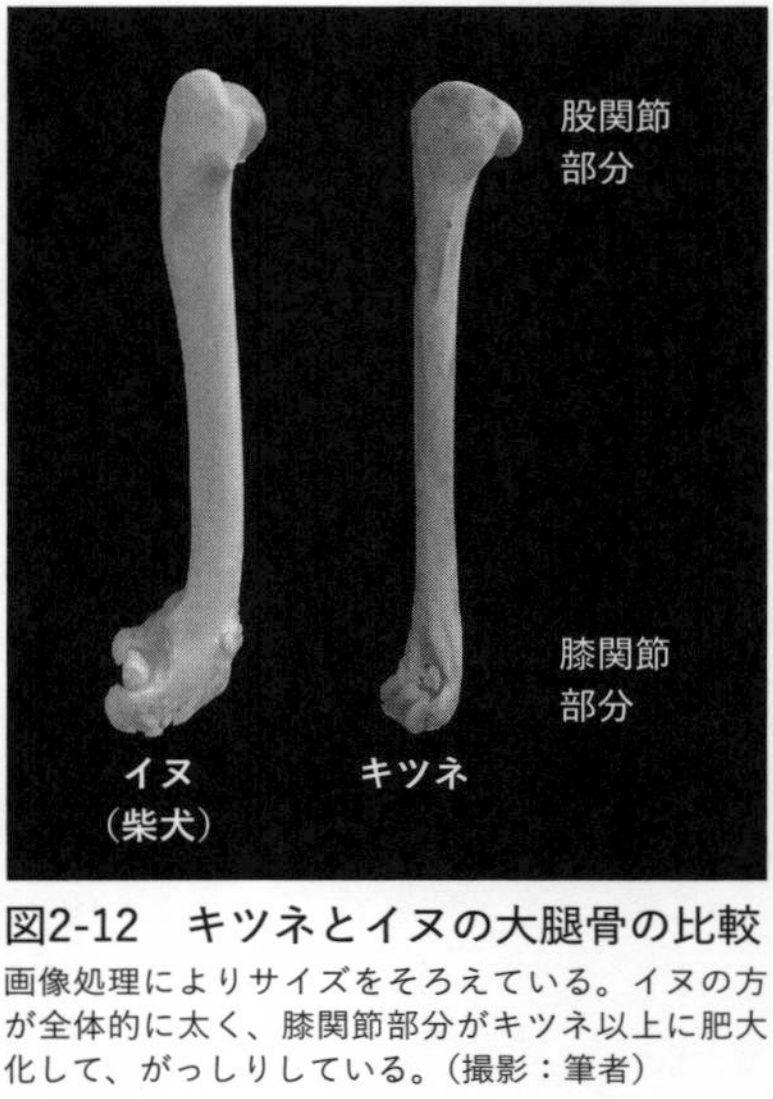

図2-12　キツネとイヌの大腿骨の比較
画像処理によりサイズをそろえている。イヌの方が全体的に太く、膝関節部分がキツネ以上に肥大化して、がっしりしている。（撮影：筆者）

長いしっぽと大きな耳

キツネの長いしっぽは、ネズミを捕まえるためにジャンプをするとき、姿勢を安定させるのに役立ちます。また、自前のえりまきとして鼻先が冷えてしまうのを防ぎ、しっぽを振って、キツネ同士で気持ちを伝え合うのにも役立っています。その動き方は、イヌとよく似ているので、キツネのしっぽに注目すると、その感情の動きがわかるかもしれません。

キツネはイヌのなかまですが、飼い犬や同じイヌ科のタヌキなどとはひと目で区別できます。このキツネらしさは、よく目立つ大きな三角の耳のためといえるでしょう（**口絵2**）。前から見ると耳の内側は白い毛でおおわれていますが、耳の後ろ側は黒くなっています（**口絵3**）。そのため、その動きが遠くからもよくわかります。しっぽと同じように、耳の動きはキツネ同士で気持ちを伝え合うのに役立ちます。色の黒さは個体によって異なりますが、ホンドギツネと比べてキタキツネの方がより黒っぽくて目立ちます。

大きな耳の動きは、私たちにとってもキツネの気持ちを読み取るのに役立ちます。怖がっているときは、耳が後ろの首の方へぴったりと引きつけられます（**図2-13**）。遊びに夢中になって興奮しているときは、耳がピンと前向きに立てられて、前からの音を聞き逃さないようにしています。さらに、オスに会ってうれしいメスの場合、耳を立ててはいるものの、耳の穴の向きはやや後ろの方へ引きよせられます。こうした耳の動きは、しっぽと同様にイヌの気持ちの表し方とよく似ているので、イヌを飼っている人なら、キツネの気持ちを理解しやすいでしょう。

キツネは意外とよく声を出す動物です。キツネの鳴き声も、キツネ同士で気持ちを伝え合うのに役立っていると考えられます。キツネの声は、その音と特徴からおとなのキツネで12種類、子どものキツネで8種類に区別されています（**表2-1**）。私たちの言葉のように難しい考えを伝えるものではありません。気持ちを音として表しているのだと考えられています。

あるイギリスの著名なキツネの研究者は、キツネの声は大きく2つに区別できるとしています。その1つは、おたがいの位置を確かめ合うための声であり、遠いときには大きく「クォクォクォーン」といったように、近くでは「ウォウォウォウォーン」などと小さく鳴くものです。2つ

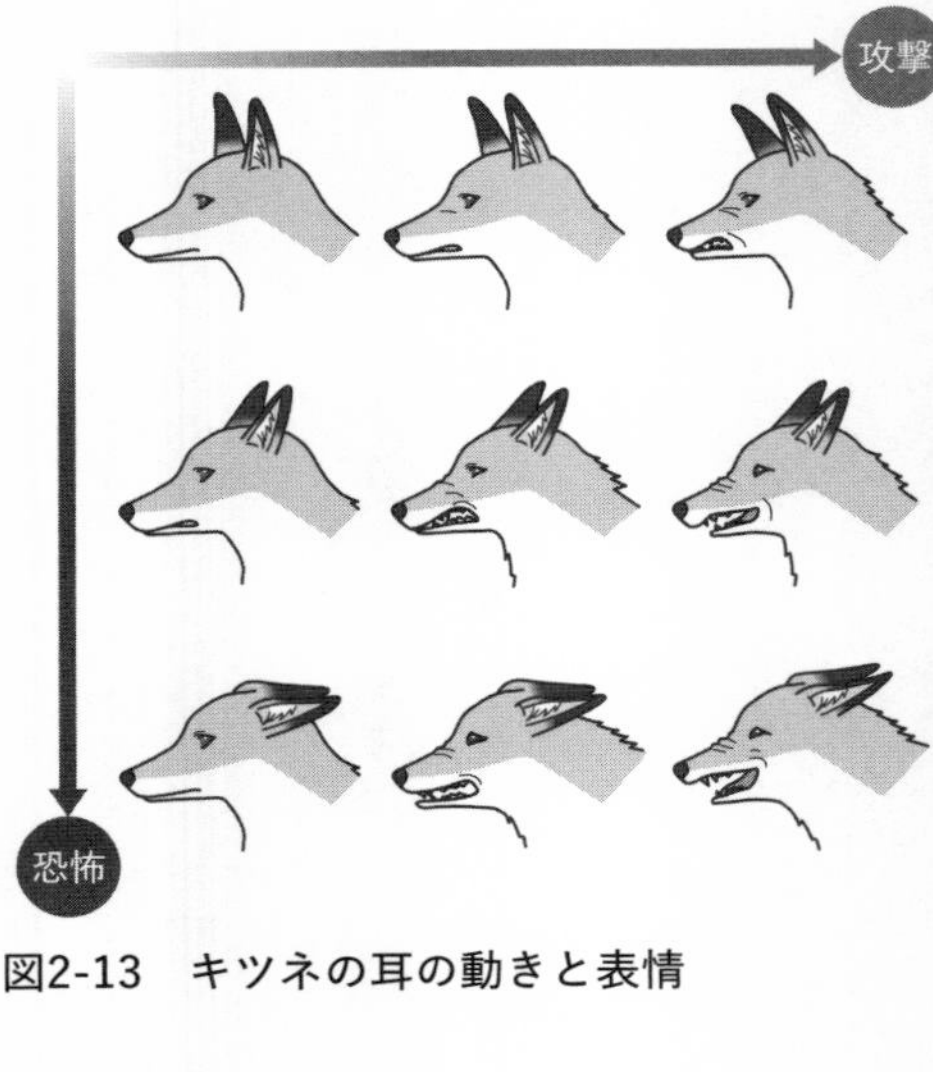

図2-13　キツネの耳の動きと表情

目は、おたがいの強さを競い合うときに出す声で、強さを示したい方は「ガッガッ」とか、「ゲッゲッ」などと、どなるような声が力強く短く繰り返されます。一方で、弱いことを伝える方は、「ミーミー」とやさしくなだめるような声を出したり、「キーキー」といった叫びにも似た金切り声を出したりします。さらにこれら２つの種類とは異なるものに、女の人の叫び声のように「ギャーン」とも聞こえる声があり、交尾をする時期によく聞かれますが、その意味はあまりよくわかっていないようです。

表2-1　キツネの鳴き声

	おとなのキツネ
1	吠え声
2	大きな吠え声（警戒声）
3	金切り声
4	クンクン鳴く鼻声
5	コッコッコッ（ゲッゲッゲッ）と鳴く声
6	断続的な吠え声
7	ウォウウォウと鳴く吠え声
8	遠吠え
9	うなり声
10	咳のような声
11	悲鳴のような吠え声
12	キーキー鳴く声

	子ギツネ
1	新生子がミーミーと鳴く鼻声
2	2～3週齢ごろから さえずるように鳴く鼻声
3	クンクン鳴く鼻声
4	コッコッコッ（ゲッゲッゲッ）と鳴く声
5	ウォウウォウと鳴く吠え声（ピッチ短め）
6	ウォウウォウと鳴く吠え声（ピッチ長め）
7	短いうなり声
8	長いうなり声

［Newton-Fisherら（1993）より作成］

美しい毛皮

キツネはとてもきれいな黄金色の毛をもっています。この毛は毎年、春から秋にかけて生え変わります。春に足先の方からはじまり、体の背中側へと徐々に生え変わっていきます（**口絵13**）。秋には、頭の後ろ側もすっかり生え変わり、「毛変わり」が完成します（**図2-14**）。特に冬の毛はとても暖かく、寒さをしっかりと防いでくれます。さらに、夏の毛と比べると、赤みがかった黄色の毛がとても美しく、この毛皮を利用するために猟師から狙われてきました。

日本で見かけるキタキツネやホンド

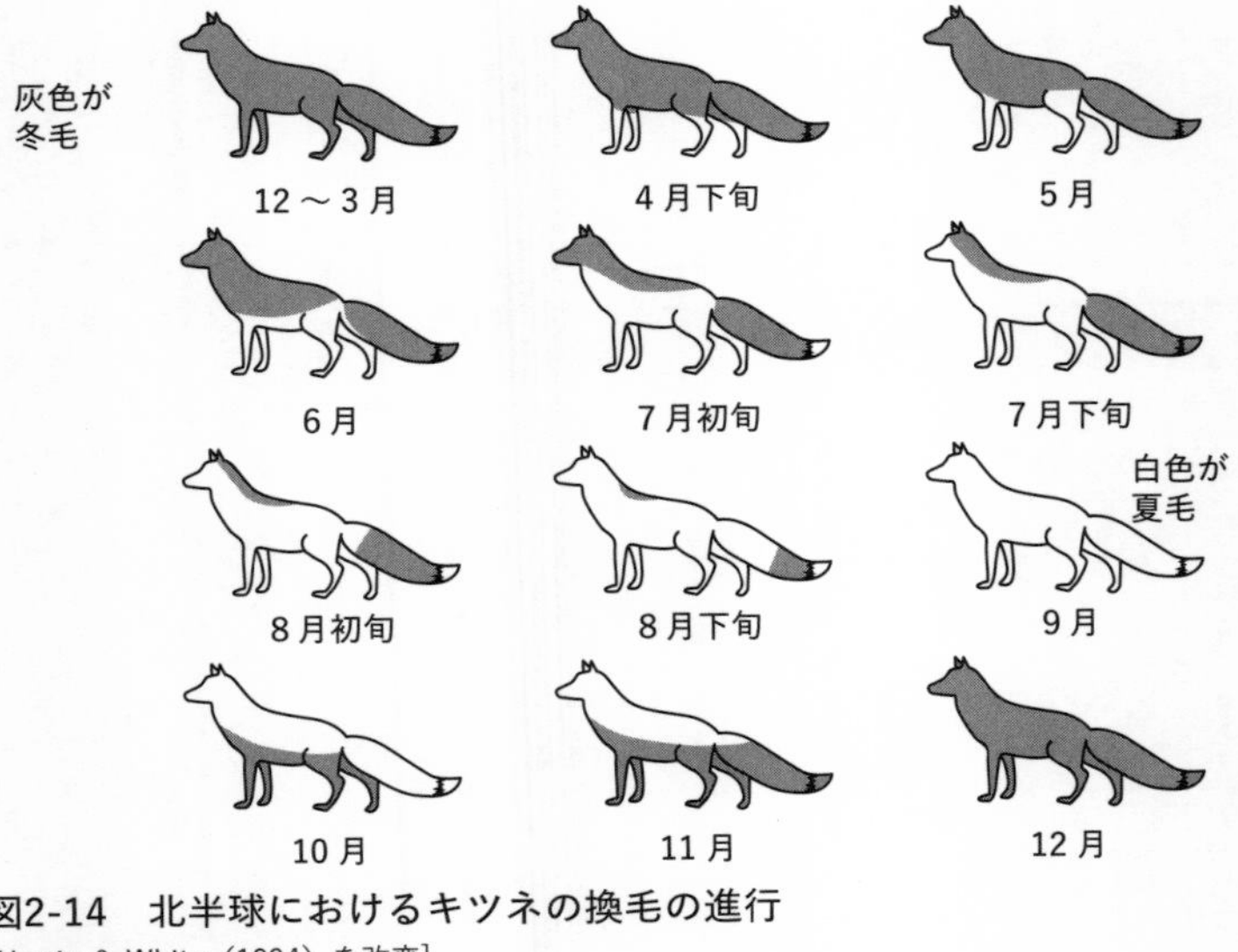

図2-14　北半球におけるキツネの換毛の進行
［Harris & White（1994）を改変］

ギツネは黄色の毛が一般的ですが、より赤みがかった黄色になったり、背中側に「十」の字で黒いすじが入ったり、全身がまっ黒になったり、さらにそこに白い毛がまじって、銀色に輝いて見えたりするなど、たくさんの異なる毛色があります（**口絵14〜16**）（**→コラム3**）。こうした違いがあるためにキツネの毛皮はとても価値が高いものとなり、新しい毛色をつくるために飼育したキツネを交配させて、これまでに見たこともないような毛色をもつキツネがつくりだされています。

今では25種類もの毛色があり、そのうちの11種類が野生のキツネがもっていたもの、14種類が人の手でつくられた毛色だといわれています。このキツネの毛色は遺伝子で決まっていて、人の血液型のように、両親がどんな毛色をもっているかで子どもの毛色が決まります。例えば、両親がどちらも黄色だと、子どもの毛も黄色になります。親の片方が黄色で、もう片方が黒い毛の場合、その子どもは背中に黒いすじの入った黄色の毛色になります（**図2-15**）。

走りが得意

キツネは細くて長い足をもっています。足を地面につけたときの地面から肩の部分までの高さ（これを体高といいます）は30〜40㎝ぐらいで、同じイヌのなかまと比べても長い傾向にあります（**口絵5**）。このような長い足のおかげで、キツネは走るのが得意です。エサを探しながら軽快にトコトコと歩く速度こそ、時速6～13㎞程度と人がジョギングやランニングをするぐらいの速さなのですが、全速力で走ると、時速72㎞にもなるといわれています。この速度はイヌと比べても速いため、キツネを狩るために追いかける猟犬から逃げ去ることが可能です。

キツネの前足の指は5本で、このうちの4本だけを地面につけて歩きます。5本目の指は、他の指よりもちょっと上の方にあり、地面にはつきません。前足と異なり、後ろ足の指は4本です。また、指同士がつながった付け根の部分も地面につきます。人で例えると、親指を上げた状態で指を広げ、地面についているような感じです。後ろ足の方はもっと難し

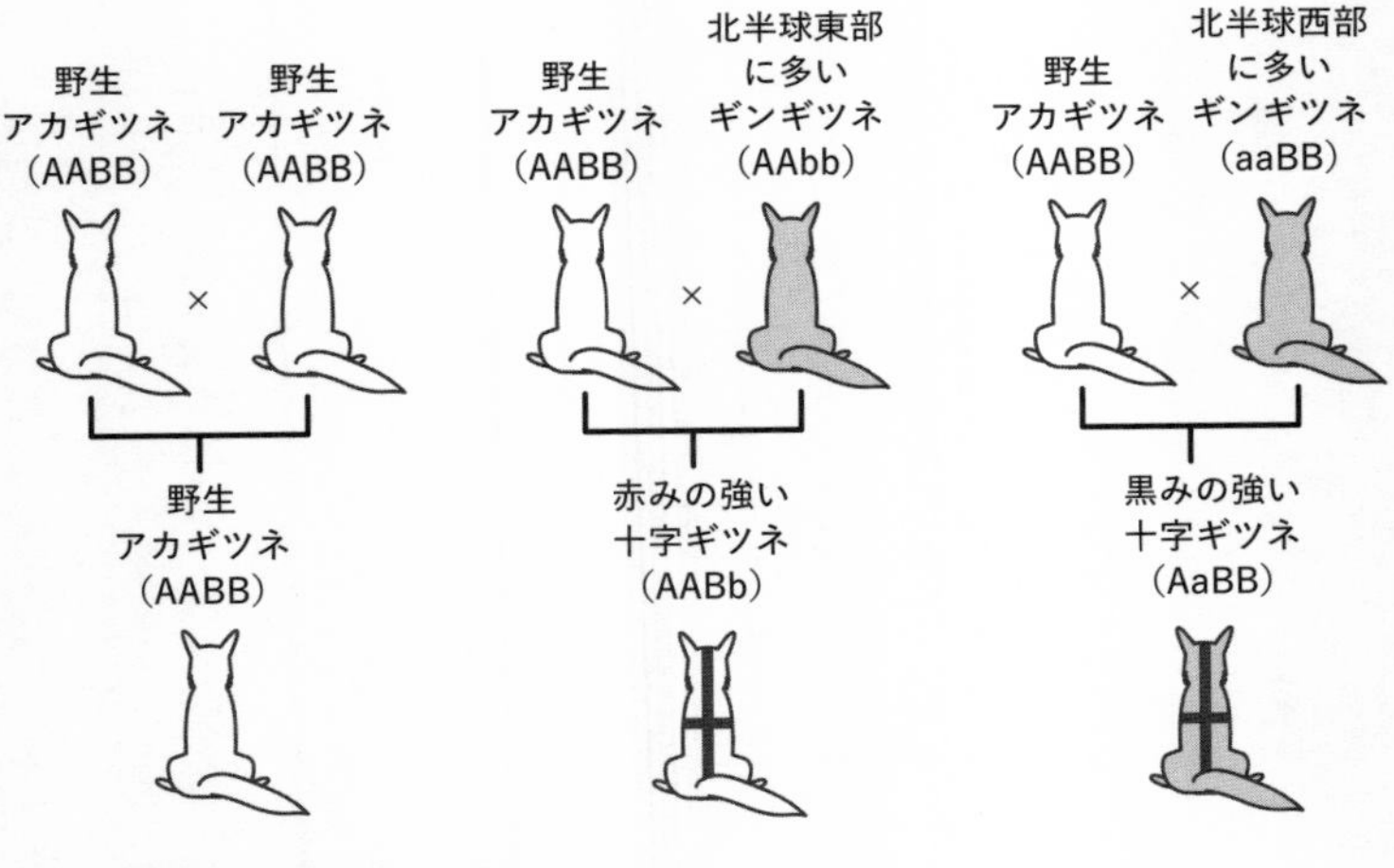

図2-15　キツネの毛色の遺伝
アルファベットは遺伝子型をあらわす。

く、親指をつけないでつま先立ちするようにして歩きます。このような歩き方は指行性《しこうせい》と呼ばれ、かかとを使わずにつま先だけを使うことが大きな特徴です（図2-16）。この歩き方は、キツネの他にもウマやシカなどの足の速い動物がしており、とても効率よく歩くことができるといわれています。

この長い足とつま先立ちの歩き方は、長距離を移動するときにも役立ちます。キツネは生まれてから半年で親もとを離れて新天地へ旅立ちます。新しい住み場所を見つけるための長い旅です。この移動距離はとても長く、北アメリカでは直線距離にして４７８km、スウェーデンでは５００kmにもおよんだ例が知られています。

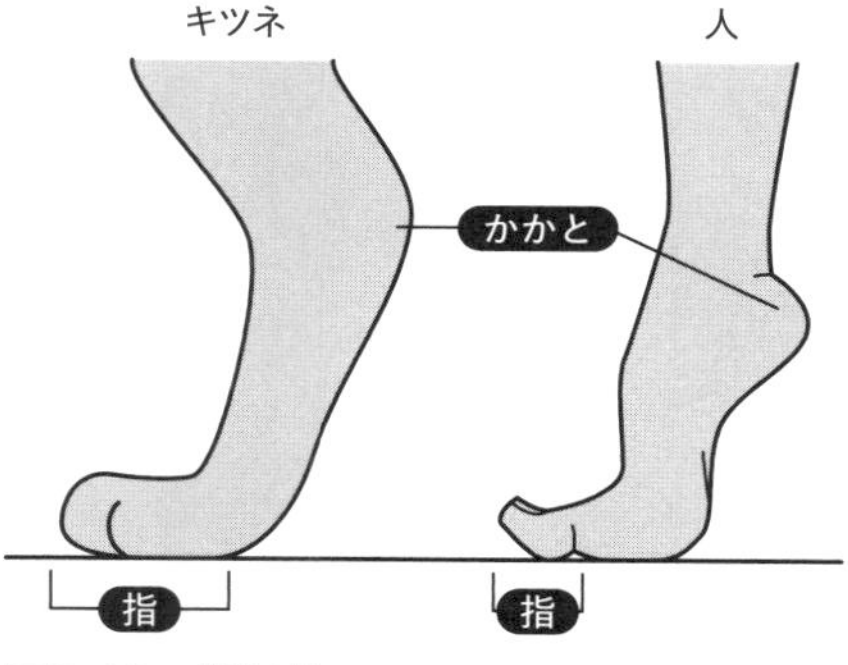

図2-16　指行性
かかとを上げ、つま先だけを使う歩き方を指行性という。

6

キツネの感覚

視覚

キツネは人と違って夜でも目がききます。目の構造にひみつがあって、目の内側に「タペタム」という特殊な細胞をもっています。この細胞が、目に入ってきた光を反射させて光を増幅することができるので、暗闇でもものを見分けることができるのです。夜に車のライトで照らされると、キツネの目はオレンジ色や青緑色に光ります。これは、タペタムによって光を反射しているからです。人の目にはこのような細胞がないので、車のライトで照らされても光ることはありませんが、その代わりに目の奥にある血管が透けて赤く見えることがあります（いわゆるフラッシュで写真を撮られたときの赤目という現象です）。

キツネの瞳をよく見ると、その形は縦長のスリット状でネコの目によく似ています。人やイヌの瞳の形は丸いので、ずいぶん違った形をしていることがわかります。この瞳の部分は、瞳《どう》孔《こう》といいますが、目に入ってくる光の量を調整するのに役立ちます。光が強くてまぶしいとき、私たちは目を細めてものを見ようとしますが、瞳孔はこれを自動的に行ってくれます。キツネが活動するのは、夕方や明け方のような光の変化が激しい時間帯であることが多いため、瞬時に光を調整して、ものの動きをすばやく捉えることができるよう、縦長の瞳孔なのでしょう。

また、縦長であることにはもう1つ意味があります。このおかげで、縦方向に見えるものが背景から浮かび上がりやすくなり、地面にいる獲物との距離を正確に捉えることができます。ネズミのような小型の獲物をジャンプして捕まえることが必要なキツネには、とても都合がよいわけです。同じようにネズミや小鳥などの獲物に飛びかかって捕まえる小型のネコもキツネと同じ縦長の瞳孔をもっています。同じイヌやネコのなかまでも、より大型の動物を獲物とするオオカミやライオンでは、瞳孔の形は人と同じように丸い形をしています（**図2-17**）。追いかけて大きな獲物に飛びかかることができればよいので、縦長の瞳孔でなくても問題ないのでしょう。

図2-17　瞳孔の形の違い

色の見え方については、キツネの見ている世界は人とは違っていて、黄色と赤色の細かな区別はできないようです。こうした特徴は他のイヌのなかまと同じです。その一方で、私たちの目では見えない紫外線を見分けている可能性があります。昆虫の多くは紫外線が見えていて花の色や模様を人とは違った形で見ていることが知られています。ブラックライトをあてると光るものは、こうした紫外線が見える動物たちの視覚世界を垣間見せてくれます。キツネの見ている世界は、私たちが見ているものとはずいぶんと違っているのかもしれません。

聴覚

大きな耳は小さな音を捉えるのに役立ちます。キツネの聴覚はとても優れていて、低い音こそ51ヘルツ（Hz）からと、20Hzの音を聞き分けられる人と比べてやや劣るのですが、高い音では、人よりも2倍以上高い4万8000Hzの音を聞き分けることができます。特に感度が高いのは4000Hzあたりの音域で、これはキジのなかまのヒナの声を聞き分けるのに役立つと考えられています。

また、この優れた聴覚は、ネズミを捕まえる際にその威力を発揮します。ネズミが草むらや地中で立てるわずかな音を聞き分けてその居場所をつきとめられるのです（→第3章参照）。2・5m先のネズミにジャンプし、なんと狙った場所からわずか5cmしか違わずに着地することができます。キツネの足先の大きさは４～５㎝なので、５㎝離れたネズミでもほぼ確実に捕まえられるでしょう。本当にすごい能力ですよね。

嗅覚

キツネが感じているにおいの世界は、私たち人には最も想像しにくい感覚といえるでしょう。キツネの体には、においを出す腺がたくさんあって、そこからさまざまなにおいがにじみ出ています。目立つものは、しっぽの付け根近くの背中側にある黒い部分で、スミレ腺と呼ばれています。ここからはスミレの香りに似たにおいがします。この他にも、フンの出てくる肛門の両はし、足の裏のふくらんだ肉球の間、鼻づらの両はしや下あごといった口のまわりなどににおいを出す部位があります。こうした部位から出てくるにおいのもとを、土や木をひっかいたり、石や草などにこすりつけるなどして、においをつけていきます。

もっとわかりやすいにおいづけは尿を用いたものです（**口絵27**）。人と同じように、キツネも余分な水分を体の外へ捨てるために尿をしますが、１回に出す量はあまり多くありません。その代わり、１日に何回も尿を出せるようにすることで、においづけをするのに使っています。あるイギリスの研究者が調べた例では、１月なかばのキツネの発情期に、オスのキツネが平均して１分間に１回の頻度で尿をしていたとのことです。すごい回数ですよね。また、キツネのにおいを嗅いだことがある人ならわかるでしょうが、キツネの尿は鼻をつく独特のにおいがします。どこかでキツネが尿をしていると、そのにおいがただよってきて、キツネがこの近くにいたことがはっきりとわかるぐらいです。

わずかな量の尿やこすりつけられたにおいのもとを他のキツネが嗅ぐことで、キツネ同士の間でさまざまな情報を交換していると考えられています。どんな情報が伝えられているのか、その細かな中身はよくわかっていませんが、例えばオスとメスの違いを区別したり、メスが交尾してもよいことを知らせたり、自分が誰であるかを知らせたり、自分が健康であることを知らせたり、自分のなわばりを他のキツネに知らせたりしていると想像されています。

筆者が北海道の知床半島で電波発信器を装着して追跡していた、オイチと名付けたメスのキツネの行動を紹介しましょう。このキツネは、秋のある晩に自分のなわばりを離れ、となりの別のキツネのなわばりの中にある川の河口まで、カラフトマスを食べに出かけました。私が車をゆっくり進めてオイチの後をついて行くと、自分のなわばりの中にある道路を歩いているときには、数十秒から1分ぐらいごとにしゃがんで尿をふりかけていました。ところが、となりのモトナリと名付けたオスのキツネが住んでいたなわばりの中に入ると、道路のわきに生えた草のにおいを嗅ぎはするものの、尿をふりかけることはしないで進みました。そして、カラフトマスが産卵に訪れた川岸へと下りて行きましたが、結局そこではまったく尿でのにおいづけをしませんでした。

筆者と同じような観察を、イギリスの研究者がイスラエルで行っています。そこでも、自分のなわばりを離れ、となりのなわばりにしのび込んだキツネは、急に尿でのにおいづけをしなくなりました。ところが、となりのなわばりを離れて自分のなわばりにもどると、とたんに尿でのにおいづけを再開しました。このようにキツネたちは、自分のにおいを自分のなわばりの中にだけ残して、そこが自分のなわばりであることをとなりのキツネたちに知らせていると考えられます。

さらに、こうしたにおいづけは、他のキツネだけでなく自分自身のメモ書きとしても利用されているようです。あるカナダの研究者が、キツネが自分でうめたエサを食べた後に、その場所へとても頻繁に自分の尿でにおいづけすることに気がつきました。そこで、このキツネの行動がどんな意味をもっているのかを調べるためにいくつかの実験を行いました。どんな実験かというと、まず、ひとくちで食べつくせる量のやわらかいドッグフードと、その他の食べられないガソリンや油、尿に似たにおいのする液体、水など、6種類のにおいのするものを置いて、キツネがそこへ尿を残すかどうかを調べました。すると、キツネの行動はとてもはっきりしていて、ひとくちで食べられるやわらかいドッグフードを食べた場所でのみ、尿を残すことが明らかになりました。つまり、食べられそうなにおいはするけれど、もうそこには食べられるものがないときに、においづけしているようでした。

そこで、この研究者はさらに別の実験をしてみることにしました。まず、①地面に穴だけを開けて中にはなにもないところ、②やわらかいドッグフードを、キツネをまねて穴にうめたところ、③掘った穴の底にやわらかいドッグフードのにおいを塗りつけ、穴を開けたままにしたところ、の3つを用意し、キツネがにおいを嗅ぐ時間の長さを比べてみました。さらに②と③については、キツネがドッグフードを掘り出したり、一度においを嗅いだ後に（つまりキツネがやってきたにおいが残っている）、④キツネが尿を残さなかった場合と、⑤キツネが尿を残した場合にわけて、再度そこへキツネがやってきたときに、においを嗅ぐ時間の長さを比べてみました。

すると、キツネがにおいを嗅ぐ時間は、②、③、④の順に短くなり、食べもののにおいが強くするところほどキツネの注意を強く引くことがわかりました（**表2-2**）。一方、食べもののにおいがしない①の場所や、⑤のように、エサのにおいはかすかに残るけれども、キツネの

表2-2　キツネがにおいを嗅いだ時間の比較

条件	時間（秒）
①　穴だけ	1.6
②　穴+うめたドッグフード	8.0
③　穴+ドッグフードのにおいのみ	7.0
④　②と③のうち、キツネが反応（においあり、尿なし）	4.6
⑤　②と③のうち、キツネが反応（においあり、尿あり）	1.3

［Henry（1986、1996）より作成］

尿のにおいがついた場所は、②～④の場所よりもキツネがにおいを嗅ぐ時間はずっと短くなり、キツネの注意を引かなくなることがわかりました。

つまり、エサのにおいがかすかにしていても、尿のにおいがある場所には「もうエサはない」ということを知らせる〝しおり〟のような役割を、キツネの尿がしていることが明らかとなりました。自分の尿をキツネと同じように〝しおり〟として活用している可能性は、同じイヌのなかまのオオカミやコヨーテでも確認されています。

コラム2

キツネの年齢はどうやってわかる？

野外でキツネを見かけたとき、そのキツネが何歳なのかわかるでしょうか。5～7月ぐらいの時期であれば、4月ごろに生まれた子ギツネは親と比べて体が小さいため、0歳だと判断できるでしょう。しかし、生まれてから6ヵ月以上たつと、親と変わらない大きさになってしまいます。こうなると、さすがに専門家でもキツネの年齢を判断することは難しくなります。

では、筆者らのような研究者は、キツネの年齢をどのようにして調べているのでしょうか。ひとつの方法は、生まれた年を覚えておくことです。子ギツネのときに捕まえて耳などに目印を付けたり、体の中にマイクロチップのような電子タグをうめ込んだりします。その後にふたたび捕まえたり、死んだ個体の目印を確認したりすることで、生まれてから何年たったかを数え、年齢を確認します。この方法は、キツネを捕まえて印を付けたり、電子タグを注射でうめ込む必要があるため、なかなか手間がかかります。

もうひとつの方法では、キツネの体の中にある手がかりを利用します。歯に残された〝年輪〟を数えるのです。狩猟や交通事故などで死んだキツネの年齢を調べるときには、もっぱらこの方法が使われています。

キツネの歯の成長は、１年を通じて同じではありません。春から秋にかけてはよく成長しますが、冬になると成長が遅くなります。そのため、歯が大きくなる根っこの先端部分には、この成長のあとが残ります。セメント質と呼ばれる部分が春から秋にかけては広く薄く、冬には狭く濃く重なっていくのです。このセメント質を薄く切って断面を見ると、木の年輪のような模様が確認できます。模様の濃い部分が冬にあたるので、冬の模様の数を数えれば、キツネの年齢を知ることができます。

実際には、キツネの頭の骨から犬歯を抜き取り（**図2-18**）、セメント質をやわらかくする液体につけてゴムのような状態にします。次に、やわらかくした歯の根本の部分を切り出して凍らせ、それをカンナのような刃で薄く縦に切っていきます。この薄く切った歯に特殊な液で色を付けると、セメント質の模様が見やすくなります

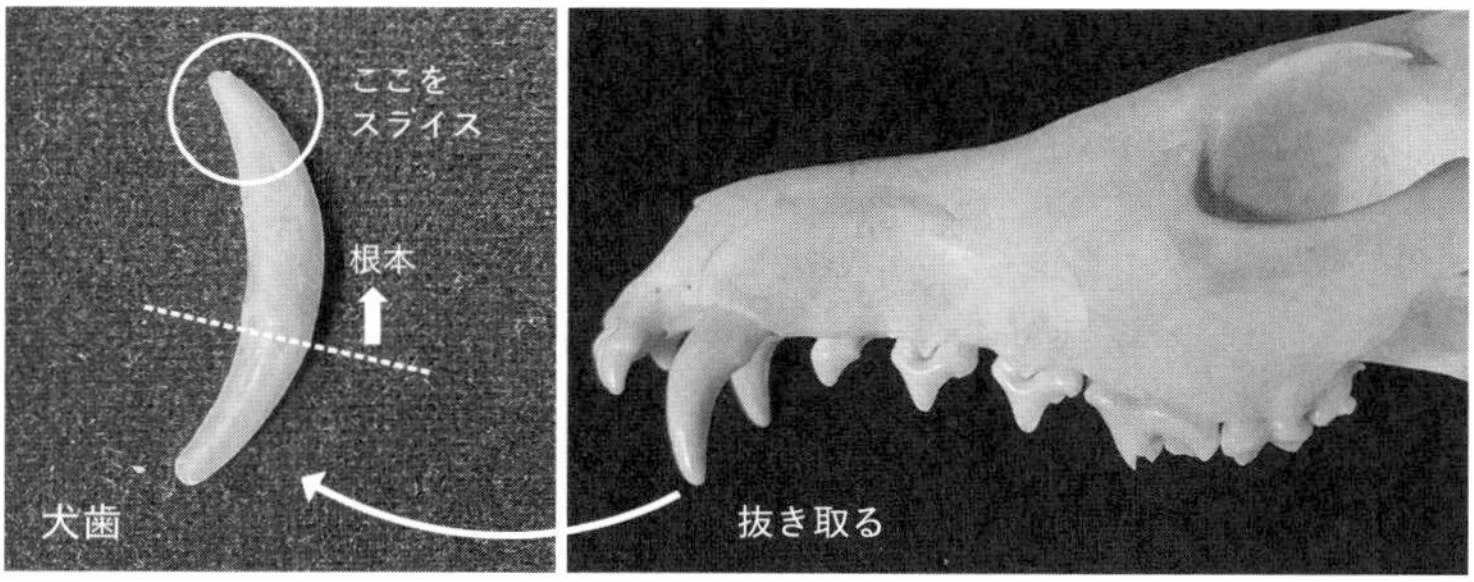

図2-18　キツネの年齢を調べるための準備
（撮影：筆者）

（**図2-19**）。このようにして研究者はキツネの歯を調べ、彼らが何歳なのかを確認しています。

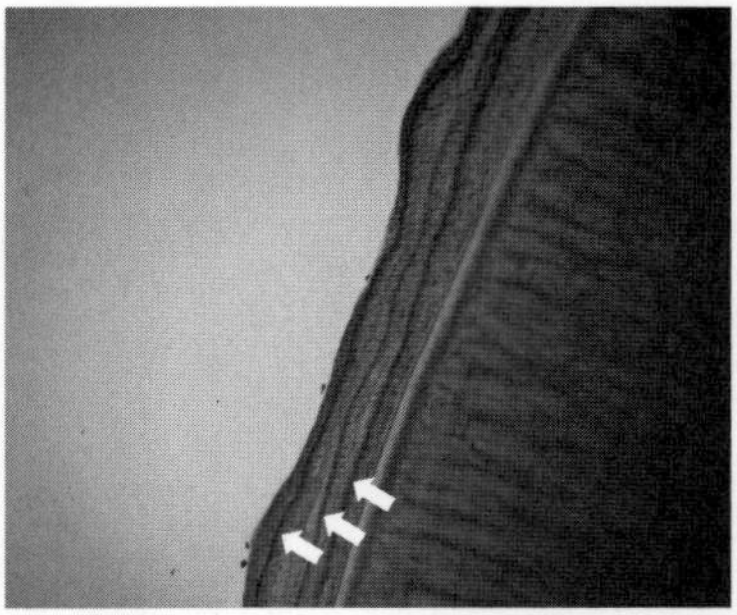

図2-19　3歳のキツネの歯の“年輪”
歯の成長に伴い、セメント質が年輪のような模様になる。模様の濃い部分（矢印）の数を調べれば、キツネの年齢がわかる。3本の年輪が見えるので、このキツネは3歳である。
（提供：浦口宏二氏）

コラム３

黒いキツネは日本にいるの？

キツネといえば、ちょっと赤みをおびた黄色い毛の美しさが印象に残ります。しかし、そんな様子とはまったく違った、全身がまっ黒なキツネを見かけたことが、ときどき日本でも話題になります。

このようなまっ黒なキツネは、誰かのペットが逃げ出したものでしょうか？　実は、日本の野生のキツネの中にも、このようなまっ黒なキツネがあらわれることがあるのです。古くは江戸時代の書物の中に黒いキツネを見かけた話が出てきます。例えば『東遊記《とうゆうき》』（１７９５年）には、東北地域で黒いキツネを見かけ、現在の北海道にもいると書かれています。また、『甲子夜話《かっしやわ》』（１８２２年）によれば、静岡県静岡市の草薙付近で黒いキツネが昼間に出てきて、林に向かって「こうこう」と鳴いたと書かれています。

黒いキツネは、「ギンギツネ」とも呼ばれ、毛色がちょっと変わっている個体といえます。北アメリカのキツネでは１００頭に３～８頭ぐらいでこうした色のキツネがあらわれます。『シートン動物記』で描かれた「ギンギツネのドミノ」の話で有名かもしれません。

ギンギツネの美しい毛はめずらしかったので、人々はこうした色をもつキツネ同士をかけ合わせて子どもを産ませ、その毛皮が利用されてきました。日本でも、明治時代から昭和の初めごろにかけて、毛皮をとるためにギンギツネがたくさん飼われていました。このように飼われていたキツネの中には、野外へ逃げ出す個体もいたようです。

北海道では、黒いキツネを見かけることが多く、ときどき新聞の記事になったりしています。もしかしたら、昔逃げ出したギンギツネたちの遺伝子を引き継ぐ子孫たちが、私たちに美しい毛なみを見せてくれているのかもしれません。

第3章
キツネの食事

1

キツネが食べるもの

前章ではキツネという動物のキホンについて大まかに見てきました。この章では、食べものに注目して、キツネがなにをどのように食べているのかを中心に話していきます。

キホンの食べもの

キツネがなにを食べて暮らしているのか。とても単純な質問なのですが、これに答えるのは簡単ではありません。というのも、キツネは実にさまざまなものを食べているからです。ネズミ、鳥、ウサギ、昆虫、ミミズ、魚、トカゲ、ヘビ、果実、野菜、穀物、動物の死体……などなど。あげていくとキリがないほどです。さらに、今まで調査されてこなかった場所でキツネの食べものについて調べてみると、これまで知られていなかった新たなエサが見つかったりします。そのため、キツネに関するさまざまな研究の中でも、食べものについての研究が最も多いといえるかもしれません（→**コラム4**）。

それでも、キツネがなにを食べているのかについて調べたたくさんの研究を比べてみると、いろいろなところで共通する食べものが見えてきます。日本全国の21ヵ所で調べられたキツネの食べものに関する16の研究を比べてみたところ、最も多く食べられていたのは哺乳類で、食べもの全体のうち、35%です。次に多かったのが果物で、21%でした。その次が昆虫などの小さな無《む》脊椎《せきつい》動物で、これは19%くらい。そして、13%は人間の食べものをあさって食べていました。なお、その他に鳥類や魚類などを食べていましたが、10%に満たない程度でした（**図3-1**）。もうすこし細かく見ると、哺乳類のうち、最も多いのが小型のネズミのなかまで、これだけで食べもの全体の20～30%を占め、その他にはウサギが10%に満たないくらい食べられていました。

日本以外の場所ではどうでしょうか。イギリス、スペイン、イタリアなど、ヨーロッパにおける50もの食べものに関する研究を比べた結果をみてみましょう。この研究では、食べものごとに、全体のうちの何%のキツネがそれを食べていたか

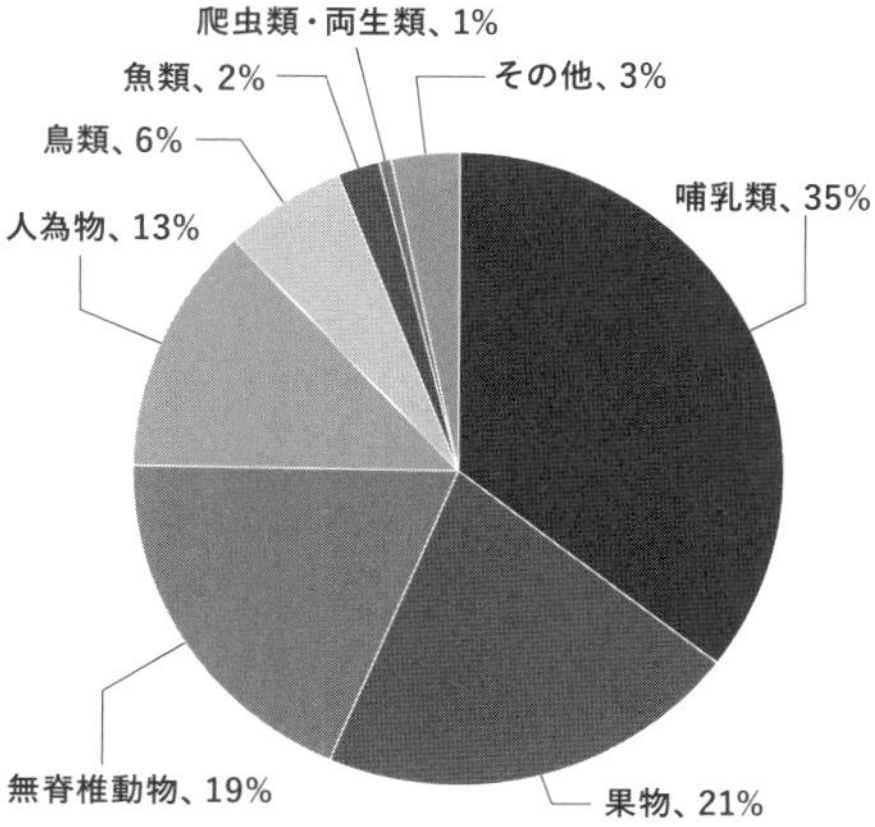

図3-1　キツネの食べもの
全国21ヵ所で調査された、キツネの食べものに関する16の研究から算出。
［Hisanoら（2022）より作成］

を比較しています。その結果、やはり最も多くのキツネが食べていたのはネズミで、全体の半分以上の55％の個体が食べていました。次に多いのは果実などの植物で、38％でした。その次が昆虫などの無脊椎動物で33％の個体が、そして鳥は22％の個体が、さらにウサギは17％の個体が食べていました。

こうして見てみると、キツネの主な食べものは、ネズミなどの小さな哺乳類であり、その他に果実などの植物や、昆虫などの小さな生きものも食べていることがわかります。また、植物をかなり食べているので、キツネは肉食動物のなかまではありますが、雑食性[※1]といえるでしょう。

食べものは風まかせ

キツネの主な食べものはネズミですが、どれだけ食べるかは住んでいる場所によって変わります。例えば、より北の方の寒い場所ではネズミを食べることが多くなります。寒すぎて木が生えずに草やコケばかりのツンドラが広がるスウェーデンでは、年にもよりますが、食べものの９割以上がネズミです。反対に、より暖かいイタリアやスペインなどの地中海に面した場所では、昆虫などの無脊椎動物や、果実などの植物を食べることが多くなるようです。南北に長い日本でも、南の方ほど昆虫などを食べる場合が多いことが知られています。果物については、昆虫ほどはっきりとした関係は見えてこないのですが、実りの多い年と少ない年があるので、こうした年による違いがキツネの食べる量に影響しているのでしょう。

また、季節によっても食べものは大きく変化します。昆虫は、ほとんどの場所で夏に最も多く食べられており、日本では夏に食べられるエサ全体の３～４割を占めています。昆虫のうち、キツネによく食べられているのが、地面をはって歩くシデムシやオサムシのなかま（**図3－2**）、セミの幼虫や成虫、バッタのなかまなどです。夏の夜に草を刈り倒した牧草地へ出かけると、歩きながらバッタを食べるキツネに出会うことができます。また、セミの幼虫が地中から出てきた穴がたくさんある林へ行けば、セミが羽化する時間をよく知っているキツネがあらわれて、セミの幼虫を食べる姿を観察できるでしょう。

図3-2　クロオサムシ（オサムシのなかま）
宮城県牡鹿郡の出島《いずしま》にて撮影。（撮影：筆者）

食べものの好ききらい

キツネには食べものの好ききらいがあります。日本にはたくさんの種類のネズミが住んでいますが、中でもよく食べているのは北海道だとタイリクヤチネズミ（**図3－3**）、本州より南だとハタネズミです。草の多いところの枯れ葉の下や地中に穴を掘り、やわらかい葉っぱや草の実、草の根っこなどを食べて暮らしています。どちらもずんぐりとした体つきをしており、耳が小さく、目もややこつぶなので、ネズミというよりはハムスターに似ています。日本にはもっとネズミらしい、耳が大きくて目もぱっちりしたアカネズミという野ネズミも住んでいます（**図3-4**）。野山に暮らすネズミとしては、こちらの方が数は多いのですが、キツネはアカネズミがたくさんいてもあまり食べません。タイリクヤチネズミやハタネズミの方を選んで食べています（**口絵23**）。

ある日本の研究者が、アカネズミとタイリクヤチネズミを地面にならべて、野生のキツネに選んでもらう実験をしました。するとキツネは、いつもタイリクヤチネズミの方を先に選んで食べました。やはりキツネはこちらを好むようです。ヨーロッパでも、キツネが食べるネズミのなかまには好ききらいがあるようです。イギリスの研究者が、同じように3種

図3-3　タイリクヤチネズミ
（撮影：筆者）

図3-4　アカネズミ
（撮影：筆者）

類の野ネズミをキツネに選ばせたところ、最初にキタハタネズミという穴を掘って暮らす、ずんぐりとした体つきの野ネズミを食べ、その次にヨーロッパヤチネズミという穴を掘って暮らすネズミを食べました。最後に食べたのはモリアカネズミという、日本のアカネズミに似たなかまのネズミでした。キツネは、穴を掘って暮らす、ずんぐりとした体つきのネズミが好みの獲物のようです。

果物でもキツネは選り好みをします。日本の野山には、野生のキウイフルーツであるサルナシと、野生のブドウであるヤマブドウが生えています。キツネは秋になるとこれらの果物をよく食べます。この２つの果物を地面にならべて、キツネに食べさせる実験をしてみた研究によると、キツネが先に食べるのはいつもサルナシでした。これらの果実を筆者が食べ比べてみたところ、サルナシの方がずっと甘くておいしく感じました。ヤマブドウは木になっているときに食べると、とてもすっぱいのです。ただし、霜がおりるようになって寒さが増してくると、甘みが強くなります。実際、キツネがヤマブドウを食べるのは、霜がおりるようになり、木に実った果実が地面に落ちてからなので、ヤマブドウについても甘くなってから口にしているのでしょう。筆者と同じように、キツネも甘党なのかもしれません。

キツネにはきらいな食べものもあります。それはトガリネズミやヒミズ、モグラなどのなかまです（**図３−５**）。山のぼりが好きな人だと、こうした小さな動物たちが道ばたで死んでいるのを見かけたことがあるかもしれません。その死体をよく調べてみると、頭の骨がくだかれていたり、首の骨が折れていたりします。それらはおそらくキツネのしわざでしょう。キツネは、これらの獲物を捕まえても食べずにほったらかしにしてしまうことがあるのです。

筆者自身も、キツネのそんな様子を観察したことがあります。ある真冬の北海道でのことです。目の前で、キツネが雪の中へ見事なジャンプをして、雪の中からネズミのような大きさの獲物を捕まえて口にくわえあげました。そして、キツネがいつもするように、その獲物をくわえたまま、首を大きく左右にふりました。これは、ネズミなどの小さな獲物を捕まえたときに、獲物の首を折って動けないようにするためのしぐさです。その後、突然ぽとりと口から獲物を雪の上へ落としてしまいました。「拾いなおすのかな」と思って見ていると、キツネは首をブルブルッと小さく左右にふり、まるでいやなにおいを振りはらうかのようなしぐさを見せました。そしてそのまま、キツネは捕まえた獲物を雪の上に残して、立ち去っていきました。後でその獲物を確認してみると、トガリネズミのなかまでした。

日本やイギリスの研究者が、野ネズミと一緒にトガリネズミのなかまをキツネに与える実験

図3-5　コウベモグラ
愛知県知多郡にて撮影。(撮影：筆者)

を行っています。やはりその実験でも、キツネはこの小さな動物を食べないで、その場に残すことが確認されています。このようにトガリネズミやモグラのなかまが、キツネにきらわれるのは、彼らの独特のにおいをキツネがいやがるためだと考えられています。とはいえ、キツネのフンの中からトガリネズミのなかまの骨が見つかっている例もあるので、まったく食べないわけではないようです。

子育ては大変

子どもを育てるために、キツネはたくさんの食べものを運ばなければなりません。一度に運べる食べものの量は限られているものの、運ぶ回数を減らすためにも、なるべく大きなものを運ぼうとします。そのため、キツネにとっては大きめの獲物である、ウサギや大きな水鳥などが子育ての時期に好んで食べられます。キツネはニワトリや子羊を襲う害獣として、農家の方からきらわれることがありますが、実際、キツネがニワトリを襲って食べるのは、５～７月の子育ての時期に最も多くなります。筆者が北海道で観察していたあるキツネの家族は、養鶏農家で捨てられたニワトリの死体※2を巣穴へと運んで子ギツネに与えていました。この家族にはちょっと多めの６頭の子ギツネがいましたが、これらの子ギツネを養うのに必要な食べものは59kg／月ぐらいです。捨てられたニワトリの死体は１羽約１・６kgだったので、１ヵ月に37羽ほどあれば足りることになります。つまり、およそ1～2羽／日あればよいので、巣穴へ運んでいったニワトリの死体だけで、十分に暮らしていけることがわかりました（**図3-6**）。

養鶏農家では、何十万羽ものニワトリを飼っているので、毎日のように死んだニワトリが捨てられていました。これだけニワトリの死体があれば、キツネ家族は常に食べるものにこまらないはずです。けれども母ギツネは、大きな獲物を運ぶのをやめる時期を迎えると、ニワトリを食べなくなりました。代わりに、別のニワトリ農家から卵を盗んできて食べたり、盗んだ卵を土にうめたりしていました。キツネにとってニワトリは好物とはいえない食べものらしく、イギリスの研究者が、飼っていたメスのキツネにニワトリのヒナであるヒヨコをエサとして与えたところ、キツネはおとなになるにつれてあまり食べなくなったそうです。それでも、そのキツネが親になって子どもを産んで、子ギツネへ食べものを運ぶ時期になると、自分では食べないヒヨコを子ギツネには与えるようになったといいます。このように、子育て時期の親ギツネは、好ききらいにかかわらず、食べられそうなものを

図3-6　ニワトリをくわえたキツネ
子ギツネがニワトリをくわえた親に群がっている。（撮影：筆者）

子どもへ運ぶ必要があるのでしょう。

子育てが行われている巣穴のまわりには、親ギツネが子ギツネへ運んだエサの残りものがたくさん落ちています。鳥の羽や翼の一部、ブタの骨や頭、お弁当などのプラスチック容器、さらには、およそ食べものとは思えないようなオムツやゴルフボール、野球のボールなども転がっています。食べものではないものの中でもよく目立つのは、靴やサンダルなどの履物です。なぜ履物が巣穴のまわりに落ちているのか、くわしくは**コラム5**で解説しますが、筆者は、子ギツネに運ぶ食べものとまちがえた親ギツネが、子ギツネの待つ巣穴へと履物を運んでいるのではないかと考えています。

もしものときのために

野生で暮らすキツネにとって、エサを確保するのは大変なことです。毎日狩りに出かけますが、いつも確実に獲物を捕らえることができるわけではありません。キツネはほっそりとした体つきで、後に説明するように、そのおかげでやぶにかくれたネズミを見事なジャンプで捕まえることができます。一方で、太って体が重くなると、しなやかな身のこなしができなくなってしまいます。そのため、一度にたくさん食べて、自分の体を太らせ、栄養分をたっぷりとたくわえることはできません。そこでキツネは、今は食べなくてもよいエサを土の中にかくしておき、後で利用する方法をとっています。

例えば、カモメなどの水鳥が卵を温めている場所から卵を盗み出すと、その場で食べるだけでなく、ちょっと離れたところまで口でくわえて運んでいき、土の中にうめます。うめるときは、卵を口でくわえたまま、とても器用に前足で数cmから10cmぐらいの穴を掘り、その中にくわえた卵をそっと置くと、鼻づらで周りの土をかき集めて穴をうめもどします。筆者は、キツネがニワトリ農家から盗んだ卵をうめたあとを探したことがありますが、実にうまく土がかぶせられていて、どこにうめたのかわからないほどでした。

さらにキツネの工夫は続きます。かくし場所を1ヵ所にせずに、たくさんの場所にちらすのです。卵を盗んだ場合、大きさにもよりますが、口にくわえられるのは1個ずつなので、1個の卵につきうめる穴は1つだけです。卵を10個盗むときには、実に10回も卵のある巣との間を行ったり来たりして、それぞれ別の場所にうめにいきます。なぜこんなに手間のかかることをするのでしょうか。それは、うめたエサを盗む動物たちがいて（別のキツネが盗みに来ることもあります）、うめたエサをいざ食べようと取りに行っても見つからないことがあるからです。複数の場所にちらしておけば、たとえ1つのエサが盗まれたとしても、他にかくしておいたエサを食べて飢えをしのぐことができます。キツネは誰かから教わらなくても、自然とリスクを避ける知恵をもっているようです。

たくさんのかくし場所をつくると覚えておくのが大変ですが、キツネはちゃんとうめた場所を覚えていて、うめたエサは、数日から数ヵ月後には食べられます。あるイギリスの研究者が、ためしにキツネがうめた場所からエサを掘り出し、１mほど動かしてキツネと同じようにうめなおしたところ、キツネが見つけられる確率は４分の１くらいにまで下がってしまいました。キツネはとても鼻がきく動物ですが、かくした場所はかなり正確に記憶していて、においを手がかりに探しなおすわけではないようです。実にたいしたものです。

※１　動物質と植物質の両方の食べものを食べること。
※２　現在は、家畜伝染病予防法（家伝法）に基づき定められた「飼養衛生管理基準」により、ニワトリなどの家畜の死体の保管場所に野生動物が侵入しないよう、措置を講ずることが義務付けられている。

2 狩りの方法

空からミサイル攻撃

キツネの狩りの方法で最も印象的なのが、ネズミを捕るときの大きなジャンプです（**口絵21、22**）。キツネを追いかけていくと、人のつくった道のはしの方を好んで歩くのに気づきます。ときおり道のわきに広がる草やぶの方に顔を向け、あるときぴたりと立ち止まります。すると、草やぶを見つめながら、まるで〝ふりこ〟のように、頭だけを左右にゆっくりとかしげはじめます。そして、ゆっくりと後ろ足だけを曲げていき、徐々にしゃがみこむような姿勢をとったかと思うと、突然なかなめ上向きにジャンプします。このとき、前足を鼻づらの両わきにそろえた状態で、草むらの中に頭からつっ込んでゆきます。うまくネズミを捕まえられると、そのまま口にくわえ、ネズミをくわえたまま首を左右に振り、それから座りこみます。獲物を下においいて、口の横からくわえなおして、2～3回噛んでから飲み込みます。これが、ネズミを捕食する一般的なやり方です（**図3-7**）。

ネズミからすると、キツネの狩りの仕方は、まるで空から飛んでくるミサイル攻撃です。こうしたキツネのジャンプは、１～２ｍぐらいが多く、中には７・５ｍもの大ジャンプをすることもあります。なお、あるカナダの研究者によれば、狩りがうまくいく確率は２～３割ほどだといいます。

キツネはどのようにして草むらの奥にひそむネズミのいる場所をつきとめ、そこへめがけて正しくジャンプできるのでしょうか。その秘密は、キツネの大きな耳と、ジャンプをする前に行う首振りにあります。キツネの大きな耳は、さまざまな方向からやってくる音をキャッチして、耳の穴へと集めるのに役立ちます。皆さんも、小さな音を捉えるために、耳の後ろに手をそえて、耳をすましたことがあるでしょう。このように、キツネの大きな耳は、ネズミが動くときに立てるかすかな音を聞き分けるのに役立っています。まるで〝パラボラアンテナ〟のようです。さらに、キツネの耳は私たち人の大多数と異なり、耳のまわりの筋肉が発達していて、左右ばらばらに、自分の動かしたい方向へと動かすことができま

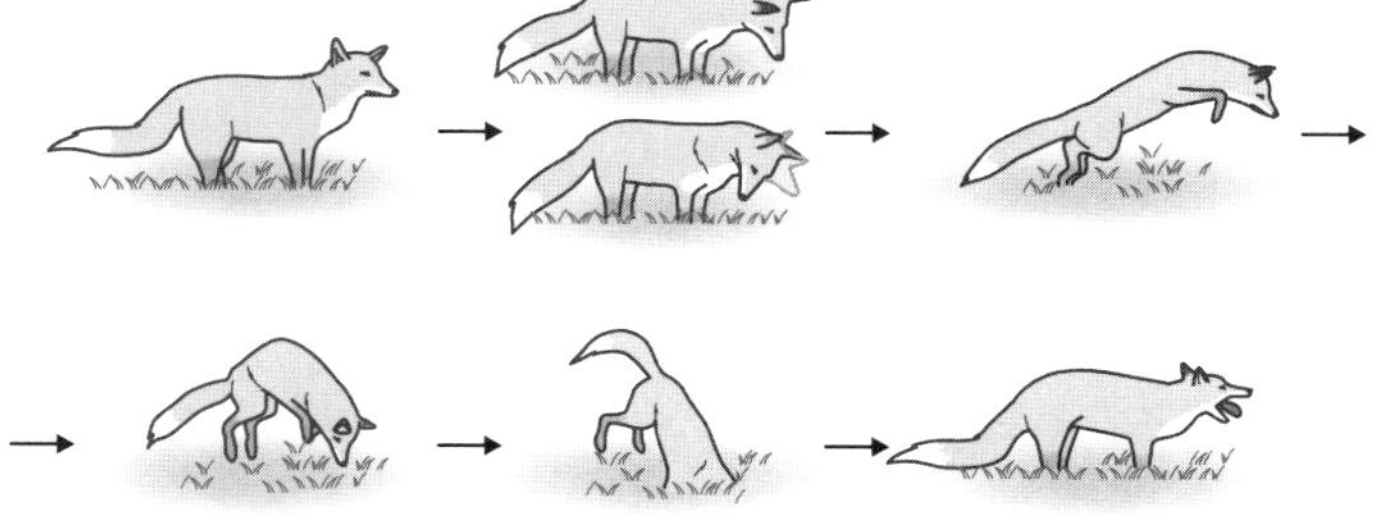

図3-7　キツネの狩り

す。こうした動きによって、さまざまな方向からやってくる小さな音を、確実に捉えることができるのです。

次に大事なのが、音を立てたネズミのいる場所を正しくつきとめることです。首を左右にかしげると、ネズミが音を立てた場所から耳までの距離が、わずかですが変化します。離れれば音は小さくなりますし、近づけば音は大きくなります。このわずかな変化を聞き分けることで、音を立てたネズミまでの距離を正しく測ることができるのです。キツネがジャンプの前に首をふるのは、こうして音の強弱を聞き分けてネズミまでの距離を見きわめていたためなのです。キツネには、姿の見えないネズミの様子が、音をたよりに〝見えて〟いるのかもしれません。

どこでバッタが捕れる?

夏の夜、刈り倒されたばかりの牧草地へ出かけると、キツネが狩りをする姿を目にすることができます。こんな夜にキツネが食べているのは、もっぱらバッタなどの昆虫です。キツネは牧草地の中を歩きまわり、ときおり立ち止まっては、耳をピクピクさせて音のした方向を捉え、すばやく首を前にのばす、もしくは小さくダッシュして、パクリと口でくわえてバッタなどを捕まえます。そして、2~3回噛んですぐに飲み込んでしまいます。こんな狩りを牧草地の中で繰り返しています。

同じ牧草地を昼間に歩いてみると、キツネがなぜ刈り倒されたばかりの牧草地によくあらわれるのかが理解できます。バッタを捕りやすいからです。刈り倒された草の中に足をふみ入れるたびに、バッタが跳ねて逃げる姿を目にすることができます。刈り倒された草の中にかくれていたバッタが、わざわざ跳ね出てきて、その姿をあらわし、音を立てることがわかります。一方で、これが草の丈が高い、刈り倒されていない牧草地だと、バッタが跳ねるのを草がゆれるのと同時に一瞬だけ目にするものの、すぐに見失ってしまいます。バッタの姿を確実に見つけられるということと、刈り倒された草のすき間にバッタが逃げ込むときに音を立てる点で、刈り倒されたばかりの牧草地はバッタを捕るのに都合がよいのです。簡単に獲物を捕らえるコツを、キツネはよくわかっているようですね。

鼻がききます

キツネは鼻がきく動物です。鼻がどれだけ優れているのかを調べるのは難しいのですが、アメリカの研究者が頭の骨を調べて、鼻の穴から脳ににおいの情報を伝える神経を通す穴（篩板《しばん》といいます）の大きさをさまざまな動物で比べました。すると、キツネの篩板は６４０㎟あり、１８０㎟しかない人の3・5倍もありました。それだけたくさんの神経の束が、鼻から脳へとつながっていることになります。ただし、単純に面積だけ比べてみると、体の大きな動物ほど面積が広くなるので、鼻のよさを比べるのには十分ではありません。そこで特別な計算方法で調整し、体重の影響［キツネ（約6kg）、人（約62kg）］を取り除きます。[※1] すると、キツネの値は人の4・1倍となり、同じ方法で比べたイヌの値（2・8倍）やネコの値（2・2倍）と比べてもかなり高く、ずば抜けて鼻がよいことが浮かび上がります（**図3-8**）。

こうした鼻のよさは、死んだ動物を見つけるときに発揮されます。山形県の雪の多い場所でさまざまな動物の死体を置き、どんな動物が死体を見つけて食べるかを調べた研究では、30cmも積もった雪の下から、キツネが死体を見つけ出して食べることが確認されています。ただし、キツネよりもテンやタヌキが死体を先に見つけることが多く、滞在時間も長かったようです。また、スペインでの研究によれば、駆除された野生のシカの死体を食べに訪れた12種類の鳥と哺乳類の中で、最も頻繁に訪れていたのはキツネでした。死体を置いてからキツネが見つけるまでは、早ければ数時間、長くても3週間ほどでした。

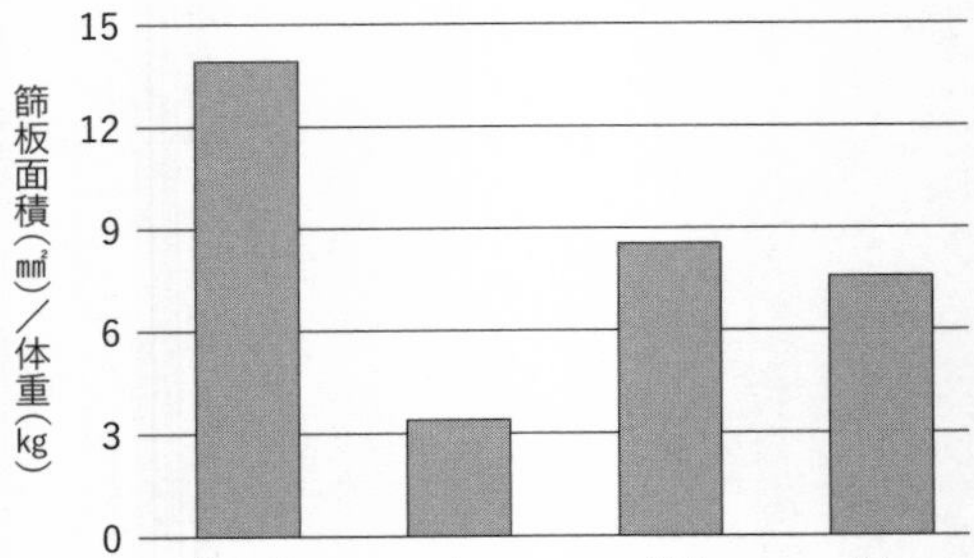

図3-8　篩板の面積を体重で補正した値の比較
キツネは、イヌやネコよりも嗅覚が鋭い。
［Birdら（2014、2018）より作成］

キツネはさまざまな動物の死体を食べますが、キツネのなかまの死体を食べる（共食いする）こともあります。ただし、好んで共食いはしないらしく、食べるとしても、見つけてから10日以上たってからが多いようです。こうした共食いを避ける傾向は、多くの動物で確認されており、この背景には、なかまの死体を通して寄生虫などの病気にかかることを防ぐためだと考えられています。それでもなお、なぜキツネが共食いをするかについてですが、ある程度時間がたった死体であれば、ついていた寄生虫なども死にたえてしまうので、病気にかかる心配が少なくなるためだと思われます。なお、キツネと同じイヌ科のタヌキは、雪の下のタヌキの死体をかなり頻繁に共食いすることが確認されています。野生の世界では、なかまの死体であっても貴重なエサになるようです。

いろいろな狩りの仕方

キツネはさまざまな動物をエサとして利用しますが、その中にはミミズも入っています。ミミズは骨がない肉のかたまりなので、肉食を好むキツネにとっては、貴重なタンパク質を効率よくとれる獲物になります。イギリスのボアーズヒルという、牧草地の多い場所で暮らすキツネでは、エサの半分近くをミミズが占めています。ミミズは夜行性なので、夜に穴の中からはい出てくるのですが、このときすこしだけ音を立てます。キツネは、この音をたよりにミミズのいる場所を見つけ出し、すばやくその体の一部を口にくわえ、穴の中へ逃げ込もうとするミミズを、切らないようにゆっくり引っぱりあげて食べることを繰り返します。この捕まえ方は学習が必要で、そのコツがわからない子ギツネはネズミを捕るときのようにジャンプして捕まえようとします。しかし、もちろんそんな方法ではミミズは捕れません。そんなときに母ギツネは、子ギツネがミミズを捕りやすいように、穴の中へ逃げ込もうとするミミズを引っぱり、さらに前足でミミズを軽くたたきながら穴から出して、そのままの状態で子ギツネにミミズを食べさせます。こうしてミミズの食べ方を学習した子ギツネは、母ギツネと同じ方法でミミズを捕れるようになります（**図3-9**）。

夏から秋に、卵を産むために生まれた川にもどってくるサケやマスなども、ミミズと同じように捕るのにコツがいる獲物のようです。北海道の東のはしに位置する知

図3-9　ミミズの食べ方
ミミズを食べる際は、体の一部をくわえ、切らないよう引っぱりあげて食べる。この捕まえ方には学習が必要で、母ギツネは子ギツネに実際に捕らせながら教えていく。
［Macdonald（1980）より作成］

床半島には、秋になるとサケやマスが海から川へとのぼってきて、川の中をうめつくすくらいのたくさんの数になります。こうした獲物を求め、川にはヒグマやオジロワシ、天然記念物のシマフクロウなども集まってきます。キツネもこうした動物たちの一員です（**口絵20**）。とてもたくさんのエサが、ある限られた場所に豊富にあるので、キツネたちは普段暮らす自分のなわばりを離れて、こうしたサケやマスが集まる川までわざわざやってきます。

このようなサケやマスをキツネが捕まえる様子を、筆者が取材のお手伝いをしたＮＨＫの動物番組のスタッフが、見事に映像として捉えてくれました。その映像の様子から、キツネは川の中で音を立てて泳ぐサケやマスの位置や姿を、音をたよりに探し出し、狙いを定めると、いきおいよくダッシュしてその背びれの前あたりに噛みついて動きを止め、川岸の方まで運びあげて食べます。一見すると簡単にみえるこの魚の狩りも、その年生まれたばかりの子ギツネではうまくいきません。秋も深まってひとり立ちするころになって、ようやくできるようになります。母親が魚を捕るのと同じ場所で、見よう見まねで繰り返していくうちに、なんとか自分でも捕まえられるようになります。キツネも、一人前になるためには、地道な努力が欠かせないのですね。

※1　篩板の表面積を1／2乗した値を、体重を1／3乗した値で割って比較する。

3

同じ食事を狙うライバル

コヨーテやオオヤマネコは苦手

前に述べたように、キツネは自分では倒すことができない大きな獲物の死体を見つけると、それをエサにします。こうした獲物が病気やケガなどで死ぬことはあるでしょうが、そう都合のよいことがいつも起こるわけではありません。もっと確実に死体を手に入れるやり方は、キツネよりも大きな動物が倒した獲物のおこぼれをいただくことでしょう。

キツネと同じイヌ科のオオカミは、体重が40〜50kgもあって、キツネの10倍以上もの重さになります。彼らは群れのなかまと協力して、自分よりさらに大きな草食動物のシカやウシのなかまを倒し、エサにしていますが、こうした獲物は食べ残されることもあり、これがキツネにとって貴重なエサになります。スウェーデンで行われた研究では、オオカミが食べ残したヘラジカが、キツネが子どもを産んで育てる春の時期にキツネのエサを増やすのに役立つことが明らかにされています。

同じくイヌ科のなかまで、キツネよりもやや大きな動物にコヨーテ（体重が10〜15kgほど）

もいますが、こちらはキツネの天敵にも、ライバルにもなります（**図3-10**）。コヨーテも、オオカミと同じように群れで自分より大きなシカのなかまを襲って食べたりします。でも、コヨーテはオオカミほどキツネに対しておおらかではありません。むしろ、同じエサを取り合うキツネをきらっていて、積極的にキツネを殺してライバルを減らそうとします。そのため、キツネはコヨーテがいるところを避けて暮らしています。コヨーテが増えると、キツネの数が減ってしまうことも確認されています。

ヨーロッパでは、オオヤマネコのなかまがキツネのライバルになります（**図3-11**）。オオヤマネコは、かつてヨーロッパ全域に暮らしていましたが、人間の影響で数を減らしてしまいました。そこで、いなくなった場所にオオヤマネコを放すなどの保護活動が行われ、そのかいあって、すこしずつ数を増やし、今で

図3-11　ヨーロッパオオヤマネコ
（提供：京都市動物園）

図3-10　コヨーテ
2016年３月まで飼育されていた個体。なお、2023年12月現在、天王寺動物園でコヨーテの飼育はしていない。
（提供：（地独）天王寺動物園）

は暮らしている範囲も広がりつつあります。しかし、ライバルが増えて広がってくると、ヨーロッパで暮らすキツネにとっては逆に住みづらくなります。オオヤマネコが増えると、キツネの数は減る傾向にあり、これは、ライバルを見つけたオオヤマネコが、エサにしないにもかかわらずキツネを殺すためです。見つかった母ギツネとその子ギツネ3頭が、オオヤマネコに皆殺しにされた例も確認されています。食べもののうらみは恐ろしいものです。

ただし、このライバル同士の関係に、さらにそのライバルにあたるオオカミが加わると、状況が変化します。というのも、キツネにとって恐ろしいライバルであるコヨーテやオオヤマネコは、オオカミにとっても同じエサをめぐって争うライバルになります。そのためオオカミは、キツネがコヨーテやオオヤマネコからされたのと同じように、コヨーテやオオヤマネコを殺してライバルを減らそうとします。するとどうでしょう。オオカミがいる場所では、キツネのライバルとなるコヨーテやオオヤマネコの数が減ることになります。つまり、キツネにとってより安心な状況が生まれるのです（**図3-12**）。実際、北アメリカでは、一度は人間によって数を減らされたオオカミが、保護活動によって数や住む場所を広げていくにつれて、コヨーテの数は減り、逆にキツネの数は増えることが報告されています。自然界のライバルをめぐる関係は実に複雑です。

キツネ界ではいじめっ子

ライバルとなる動物がいることによって、キツネの生活がおびやかされることを述べましたが、実はキツネ自身も、より小さなキツネのなかまたちにとっては、その生活をおびやかす恐ろしい存在になります。例えばホッキョクギツネ（**口絵39**）は、体重が３～４kgぐらいでアカギツネ（ここでは他のキツネのなかまと区別するためにこう呼びます）よりもすこしだけ小さな体つきをしています。ホッキョクギツネはとても寒さに強く、

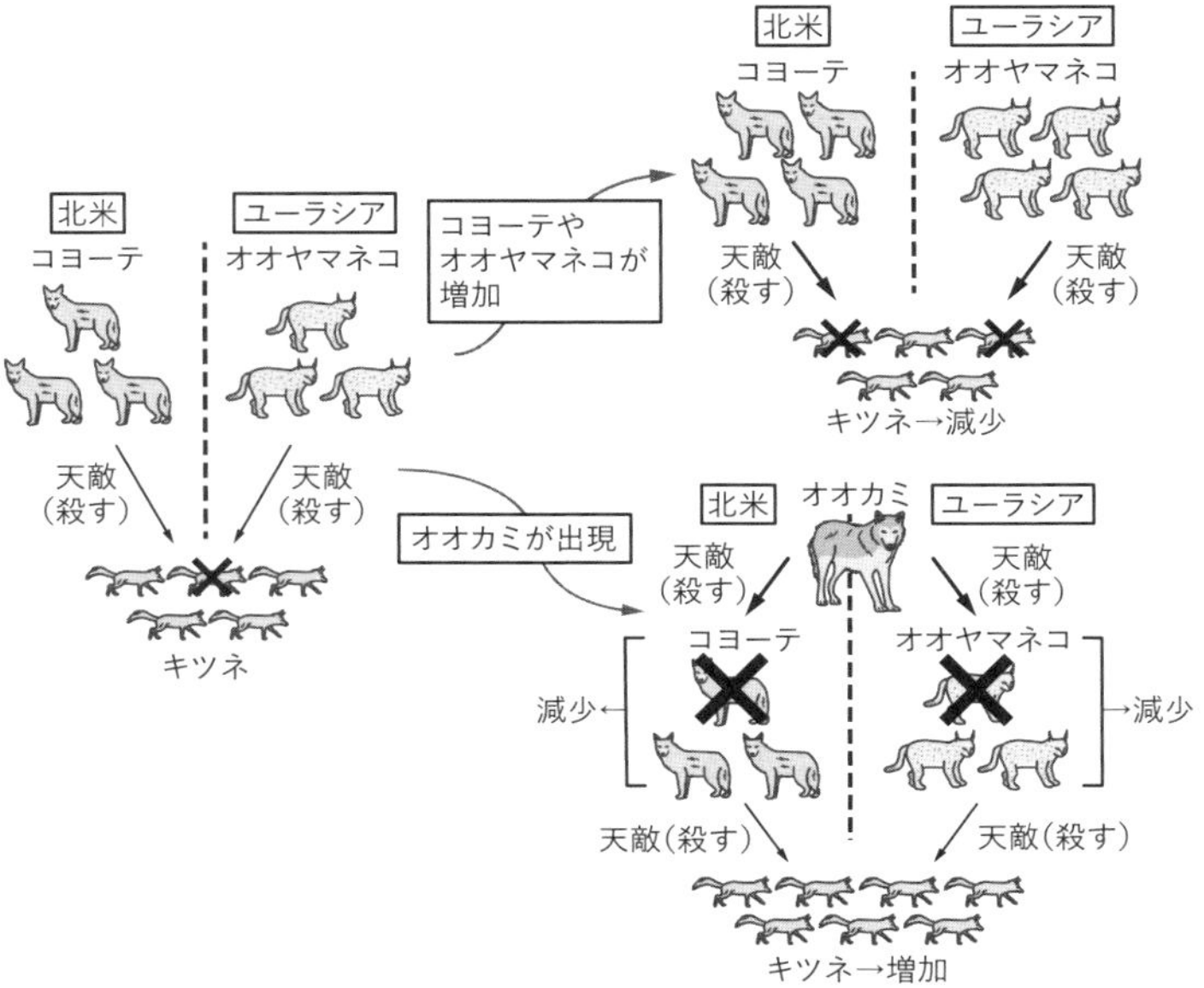

図3-12　自然界の複雑なライバル関係

ぎっしりと生えたフサフサで暖かい毛のおかげで、マイナス40℃以下の極北の場所でも暮らしていけます。また、アカギツネよりも小さいので、より少ないエサで生きていけます。反対に、アカギツネの方はそこまでの寒さに耐えられず、マイナス13℃が限界と考えられています。さらに、ホッキョクギツネよりも生きていくのによりたくさんのエサが必要なので、アカギツネが暮らせる北の果ては、冬の厳しさとエサの量で決まります。そのため、寒さが厳しくエサも少ない北の方では、ホッキョクギツネはアカギツネよりも生息数が多くなります。

一方、より南の方では、ホッキョクギツネとアカギツネの暮らす場所が重なっています。そこでは、この2つの種が同じエサをめぐって争います。アカギツネは、ホッキョクギツネの巣穴をうばったり、ホッキョクギツネを殺して食べたりします。こうした場所ではホッキョクギツネの数が減り、アカギツネに入れ替わってしまいます。近年の地球温暖化により、北極の寒さもやわらぎ、人間の開発が北極にもおよぶようになりました。すると、人間が暮らす場所で得られるさまざまな食べものも増え、アカギツネがより北の方で暮らせるようになり、ホッキョクギツネの生活がますますおびやかされるようになっています。

ホッキョクギツネほどではありませんが、中央アジアのカザフスタンやモンゴルにかけての草原や砂漠に暮らすコサックギツネも、アカギツネに殺され、巣穴をうばわれてしまうことがあります。また、アメリカからメキシコにかけての砂漠と草原で暮らすキットギツネも、アカギツネによって殺されることがあり、ある程度の影響を受けているようです。ただし、町でキットギツネとアカギツネが暮らす場合には、ほんの100mほど離れておとなり同士で子育てをすることもあり、激しく争う関係にはならないようです。

親類たちとはご近所づきあい

日本には、肉を食べるなかまで、キツネと同じくらいの大きさの動物が暮らしています。タヌキ（**図2-2**）、ニホンアナグマ（**図2-9**）、ニホンテン、イタチなどは日本に古くからいる動物たちですが、最近ではこれらに加えて、アライグマやハクビシンなども同じところで暮らすようになっています。では、こうした動物たちとキツネとの間における、エサをめぐるライバル関係はどうなっているのでしょうか。

タヌキは、キツネと比べられることが多い同じイヌ科のなかまで、キツネと同じく動物も植物もなんでも食べる雑食性です。そのため、キツネとは食べものの多くが重なり、同じエサをめぐるライバル関係にあるように思われます。けれども、これら2種の食べものをよりくわしく調べてみると、タヌキの方が植物をより多く食べていて、フンから植物のタネがたくさん出てきます。また、ミミズなどの土中に暮らす動物や、地面を動きまわる昆虫などの小さな生きものなどをよく食べているといった違いがあります。さらに、キツネのようにネズミやウサギなどを襲って食べることは少なく、キツネのようなすばやい動きがあまり得意でないことを物語っているようです。このように、タヌキとはおたがいに食べるものがすこしずつ違っているので、キツネはタヌキとケンカせずにご近所づきあいができているのでしょう。

タヌキにしてみても、子育てに必要な巣穴を確保するのに、キツネの力を借りています。というのも、タヌキは自分で巣穴を掘らないので、他の動物がつくった巣穴を間借りします。そんなとき、キツネが掘ってくれた巣穴はとても役に立ちます。巣穴でキツネの家族を観察していたつもりが、ある日からタヌキの家族の暮らしを観察することになった、なんてこともあります。さらに、いくつもの入り口がある大きなキツネの巣穴では、使っていない入り口をタヌキが利用しておとなりさん同士になる、なんてことも起こるようです。

次にニホンアナグマとの関係ですが、ニホンアナグマもタヌキと同じように動物も植物も食べる雑食性なので、キツネと食べものの一部が重なります。けれどもニホンアナグマの場合、ミミズをたくさん食べており、この点がキツネと大きく違っています。また、穴掘りが得意なので、土の中にひそむ幼虫などもよく食べています。さらに、果実などの植物や昆虫などもキツネよりたくさん食べています。そのため、エサをめぐるライバル関係は、それほど激しくなりにくいようです。

ニホンテンとの関係はどうでしょうか。ニホンテンもやはり動物と植物をどちらも食べる雑食性で、ネズミなどを捕まえて食べるのも上手です。そのため、ニホンアナグマやタヌキよりもキツネとのエサの重なりは大きいように思われます。けれどもニホンテンの場合は、特に秋になると果実を食べる割合が高くなる上、木登りが得意なため、果実が地面に落ちる前に食べることができます（**図3-13**）。さらに、同じ昆虫を食べるにしても、ニホンテンは木の上でエサを食べている昆虫を捕まえられますが、キツネは地面近くにいる昆虫でないと捕まえられません。このようなところで、ニホンテンとキツネとは違ったエサを食べ分けることができ、激しいライバル関係になるのを避けることができているようです。

最後に、新たに日本にやってきたアライグマやハクビシンとの関係はどうでしょうか？　実は、アライグマやハクビシン、キツネの食べものを、同じ場所で比べた研究がほとんどなく、想像するしかありませんが、エサをめぐる激しいライバル関係にはなりにくいように思われます。アライグマは、実のなる植物や畑の作物、とりわけトウモロコシを好んで食べ、さらに昆虫などもたくさん食べています。

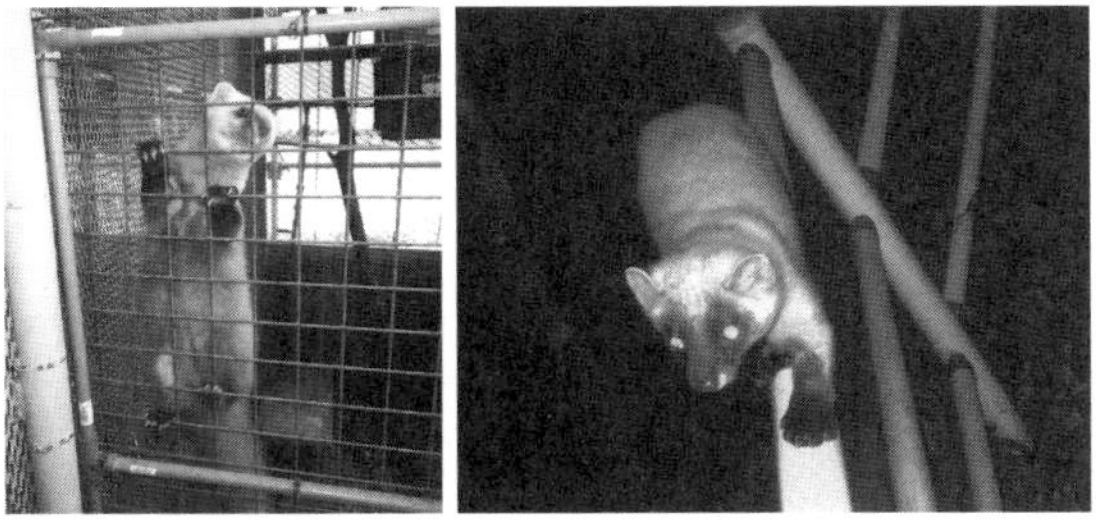

図3-13　ニホンテン
木や金網に登ったり、細い棒の上を歩くことができる。
（撮影：筆者）

キツネと比べると、ネズミやウサギなどを捕まえて食べることは少ないようです。また、川や池など水の多いところを好んで利用するので、水辺に住むサワガニ、ザリガニ、カエル、サンショウウオなども食べています。同じ場所で暮らしていても、キツネのように牧草地などの開けたところを好んで利用するのとは違っているようです。実際、ドイツのベルリンの西側で調べた研究によると、アライグマは水につかる、じめじめとした湿地を好んで暮らしていたのに対し、キツネはそうしたところは避けて、木の多い林のようなところを好んで暮らしていました。

またハクビシンは、果実やその他の植物などをたくさん食べている他、昆虫やカタツムリなどの軟体動物、ミミズなども食べています。やはりキツネがよく食べるネズミやウサギを捕まえることは多くないようです。ハクビシンは木に登るのが上手なので、ニホンテンと同じように木の上になっている実を食べることができますが、ブドウやサクランボなどの甘くて価値の高い果物も食べてしまうため、農家の方をこまらせています。

このように、新しくやってきた動物たちも含め、日本では、同じ肉を食べる親類のなかまたちとキツネはうまいこと暮らしているようです。

キツネの天敵は?

キツネの天敵となる動物は実にさまざまです。キツネより体の大きい、肉を食べる動物であるヒグマやオオカミ、ヒョウ、ピューマ、ディンゴ、ボブキャット、クズリなどがキツネを食べてしまうことがあります。また、ワシやフクロウなどの猛禽類も、子ギツネを襲って食べてしまう恐ろしい動物です。前述したように、コヨーテやオオヤマネコはエサをめぐるライバルとみなしてキツネを攻撃するので、キツネが死んでしまう原因になります。さらに、野犬もキツネを襲う天敵となります。日本でも、北海道や九州などで、キツネが野犬に襲われて死んでしまった例が報告されています。イギリスの都市に暮らすキツネでは、野犬の多い場所でキツネの数が少なくなる傾向が確認されています。

ただし、キツネの暮らす場所が、いつも野犬によって大きく制限されているというわけではないようです。筆者は愛知県の知多半島で、野犬とキツネのフンを拾って暮らしている場所や数の多さを比べてみました。すると、キツネのいる場所や数が、野犬の多いところで少なくなるような関係は見られませんでした。

また、ライバルとなるコヨーテでも、都市で暮らす場合にはその関係がすこしやわらぐようです。アメリカ・ウィスコンシン州のマジソンという都市では、町の中でコヨーテとキツネが暮らしていますが、コヨーテは町の中に残された林や湿地などの緑豊かな場所を好んで利用するのに対し、キツネの方は芝生のある公園や墓地など、より開けた場所を好んで利用していました。また両者が近づいた場合にも、激しい争いなどは観察されませんでした。エサがたくさんあれば、エサをめぐる争いは激しくならず、おたがいに対しておおらかになるのかもしれません。

キツネ同士の殺し合いも、キツネが死んでしまう原因のひとつです。特に、母親が自分の子どもを殺して食べてしまうことが、飼われているキツネでたびたび観察されています。こうしたケースでは、まず子ギツネのしっぽを噛みちぎってしまい、その後、子ギツネの体全体を食べてしまいます。こうした子殺しは、初めて子どもを産む母親で起こりやすいのですが、特にしっぽを噛んで殺してしまう場合、何度も繰り返す母親がいるようです。野生のキツネでも自分の子どもを殺す例が確認されています。社会的に地位の低い個体が社会的なストレスのために引き起こしてしまうのかもしれません。また、母親以外のキツネに噛み殺される例も確認されています。子ギツネが無事に育つには、数多くの困難を乗りこえる必要があるようです。

そして、現代に生きるキツネの最大の天敵は人間です。前章で、子ギツネが1歳の誕生日を迎えられるのは、10頭のうちの1~2頭にすぎないと述べましたが、0歳のキツネが命を落とす最大の原因は人間の活動によるものです。栃木県では、0歳のキツネの51%が狩猟や駆除で人間に殺されて命を落とし、残り半分弱の48%は交通事故で命を落としていました。また、北海道の根室半島では、疥癬という病気がはやる前までのキツネたちは、34%もが交通事故で命を落とし、6%が人間による駆除で命を落としていました。

都市で暮らす他の国のキツネについて見てみると、アメリカのイリノイ州では、0歳の子ギツネとおとなのキツネのうち、それぞれ32％と40％が交通事故で死亡していました。子ギツネでは、残りの40％が疥癬で死に、さらに14％と5％がコヨーテと人間にそれぞれ殺されていました。おとなのキツネの方は、残りの36％が疥癬で死に、8％と4％が人間とコヨーテにそれぞれ殺されていました。イギリスのロンドンでは、78％が人間によって駆除され、残りの12％と7％が交通事故と病気でそれぞれ命を落としていました。一方、デンマークのコペンハーゲンでは、実に89％が交通事故で死んでいます。

こうしてみると、キツネが命を落とす原因の多くは、人による狩猟や駆除、車による事故などであり、人間がつくりだした環境と人間の暮らし方が、キツネに大きな打撃を与えていることがわかります。

キツネの食べものはどうやって調べる？

キツネがなにを食べているのか、どうやって調べるのでしょうか。最も簡単な方法は、キツネの後をつけていって、なにを食べているのかをこっそりのぞき見ることです。巣穴の前でしんぼう強く観察してみてもよいでしょう。親ギツネが食べものをくわえてきて子ギツネに与えるので、子ギツネがなにを食べているのかを知ることができます。

しかし、この方法にはすこし問題があります。キツネが食事をする時間帯は暗くなってからのことが多いため、ライトでもあてない限り、その様子を観察することが難しいのです。

もうひとつの方法は、キツネのフンを拾ってきて、その中身を調べてみることです（**図3-14**）。フンには、キツネのおなかの中で消化できなかった毛や骨、昆虫の体の一部などが残されています。こうした未消化物を手がかりに、キツネがなにをどれくらい食べていたのかを

図3-14　目立つところに落ちているキツネのフン
（撮影：筆者）

知ることができます。

キツネのフンをザルの上でよく洗うと、未消化物の破片だけが残るので、この小さな破片を、顕微鏡などを使いながら調べていきます（**図3-15**）。ちょっと根気のいる大変な作業ですが、めずらしい食べものを見つけられるとうれしいものです。フンは汚いものといったイメージがありますが、筆者たちのようなキツネの研究者にとっては、フンはいわば宝物です。

ただし、注意も必要です。キツネのフンの中には、寄生虫の卵が入っていることがあるので、そのまま手で触ったり、調査のために洗ったりすることはとても危険です。研究者がキツネのフンを調べるときは、寄生虫の卵を殺すために70℃以上の熱に12時間ほどさらしてから行うようにしています。

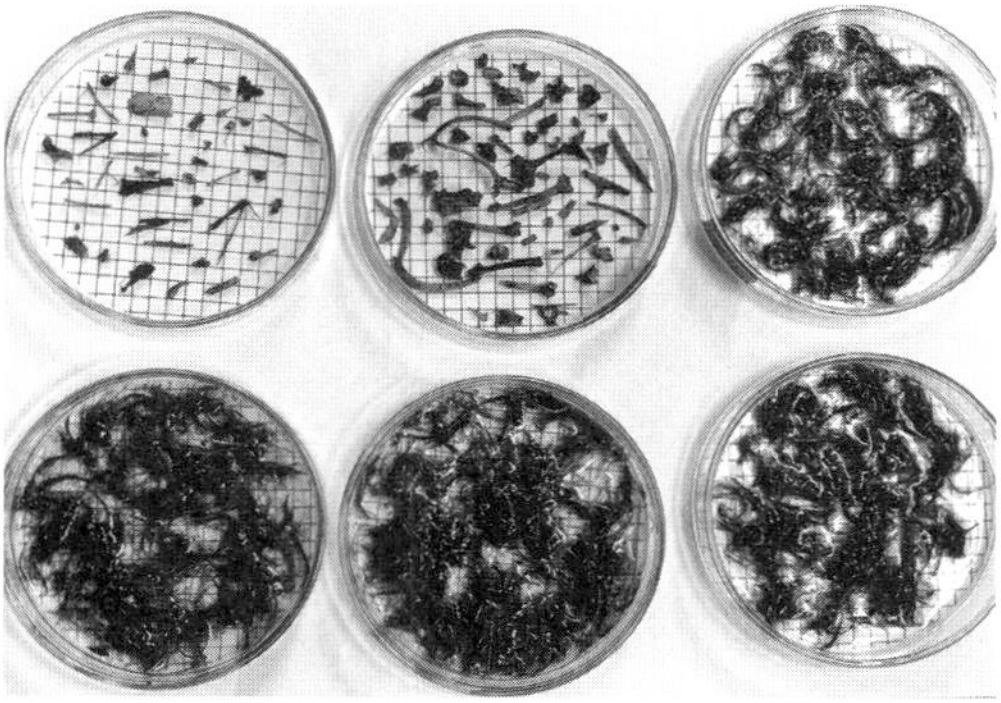

図3-15　キツネのフンから出てきた鳥の羽や骨
（撮影：筆者）

コラム5

キツネはなぜ靴を盗むの？

キツネが靴を盗むことは、新聞やテレビのニュースでも取り上げられたので聞いたことがある人もいるかもしれません。特に兵庫県丹波市の黒井地区では、実に200足ほどの靴やスリッパがキツネに盗まれていました（**図3-16**）。キツネによる〝靴盗み〟は日本全国で確認されており、筆者が調べた限りでも、岩手県、山梨県、長野県、京都府で起こっていました。日本だけでなく、ドイツ、イギリス、フランス、オーストラリアやアメリカなどの国でも確認されています。なぜキツネは靴を盗むのでしょうか？

これらの事例を調べると、いくつかの共通点が浮かび上がってきました。靴が盗まれるのは春から夏の時期に集中し、冬には起きていないのです（南半球にあるオーストラリアでは、11

図3-16　キツネが集めた靴やサンダル
兵庫県丹波市黒井地区で撮影。（撮影：筆者）

〜1月に起きていましたが、これは現地の夏に相当します）。春から夏といえば、キツネの子育て時期にあたります。

盗まれた靴が見つかる場所についても、共通点がありました。子ギツネの姿が見られたり、巣穴が近くにあったりするのです。兵庫県の例でも、２００足ほどの靴が見つかったのはキツネの巣穴のすぐ近くでした（**図3-17**）。これらのことから、キツネの靴盗みは子育てと関連がありそうです。

この謎に興味をもった、筆者が指導する学生の城《しろ》亮《りょう》輝《き》さんと一緒に、兵庫県丹波市の靴盗みの現場で実験をしてみました。７〜８月にかけて、大きさやにおいの異なるサンダルを置いて、キツネがどんな反応をするのか調べてみたのです。

その結果、実験用に置いたどのサンダルも子ギツネは食べようとはせず、親ギツネだけが食べたり[※1]運んだりすることが確認されました。親ギツネは、新品のサンダルを置くとどこかへ運んでいきます。た

図3-17　巣穴に靴やサンダルを運んだキツネ
（提供：城 亮輝氏）

だし、新品でもサンダルを小さく切ると、食べたり運んだりすることはすこし見られる程度となりました。一方、新品のサンダルに履き古したにおい（汗のついた靴下のにおい）をこすりつけると、より多く食べたり運んだりすることが確認されました（**図3-18**）。

この実験から、子ギツネはサンダルを食べものと思っていないことがわかりました。しかし親ギツネの方は、特に履き古したサンダルを食べものとまちがえ、子ギツネに運ぶのにちょうどよい大きさのエサのように反応していたと考えられました。キツネは腐った肉などを食べることもあるので、このようなまちがいが起きていたのでしょう。

読者の皆さんも、キツネの子育て時期には親ギツネに靴を盗まれないよう、ご注意ください。

※1　本実験では、「数回噛む」以上の行動を「食べる」と定義している。

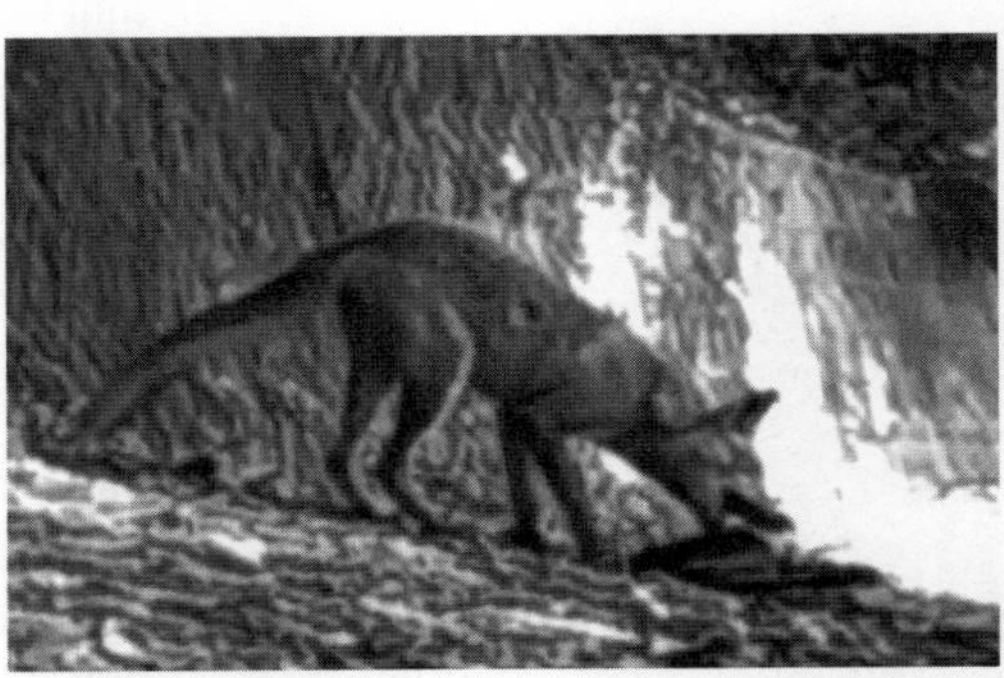

図3-18　実験用に置いたサンダルをくわえようとするキツネ
（提供：城 亮輝氏）

第4章

キツネの社会

1 恋するキツネ

この章では、キツネ同士がどのような関係の中で暮らしているのか、その社会の様子を見ていきましょう。

恋のはじまり

気になる異性との関係のはじまりを、私たちは〝恋〟と呼びます。冬になると、キツネたちにもそんな恋の季節が訪れます。においと声がキツネたちの恋を告げる合図です。冬にキツネたちが雪の上に残した足跡をたどり、よく観察してみましょう。足跡まわりのあちらこちらにキツネの尿が残されているはずです。キツネは普段、自分たちの動きまわる場所において、1kmあたりにつき4～7回ほど尿をばらまいています。この尿をばらまく回数が、恋の季節がはじまる1～2月にかけて（この期間を「発情期」と呼びます）、2～3割ほど増えます。つまり、よりたくさんのにおいの〝ラブレター〟をばらまき、自分の恋心の高まりを相手に伝えているのです。

さらに、手紙の中身であるにおい自体も特別なものになります。私たちでも、雪の上に残ったキツネの尿を嗅いでみると、そのにおいがより強く感じられます。実際、この時期のキツネの尿の中には、特別な4種類のにおいのもとが含まれていることがわかっています（**図4－1**）。

また、いつもなら尿の色は薄い黄色なのですが、恋のピークを迎えると、メスの尿の色は赤みをおびた色から薄いむらさき色へと変化します。私たちには、においよりもこちらの方がわかりやすいですね。オスのキツネがこうした色の変化を見分けているかはわかりません。けれどもこのおかげで、キツネのような優れた嗅覚をもたない私たちでも、雪の上に残された尿の色からキツネの恋心の高まりを感じることができます。

冬の夜にひびくキツネの鳴き声は、ラブソングです。「コココーン、コーン、コココーン、コーン」という大きな声を出します。このときの「コ」は、「ウォ」の音もまざり、「ウォ」と「コ」をひとつの音で出すような、なんとも言い表しにくい声なのです。キツネの鳴き声を

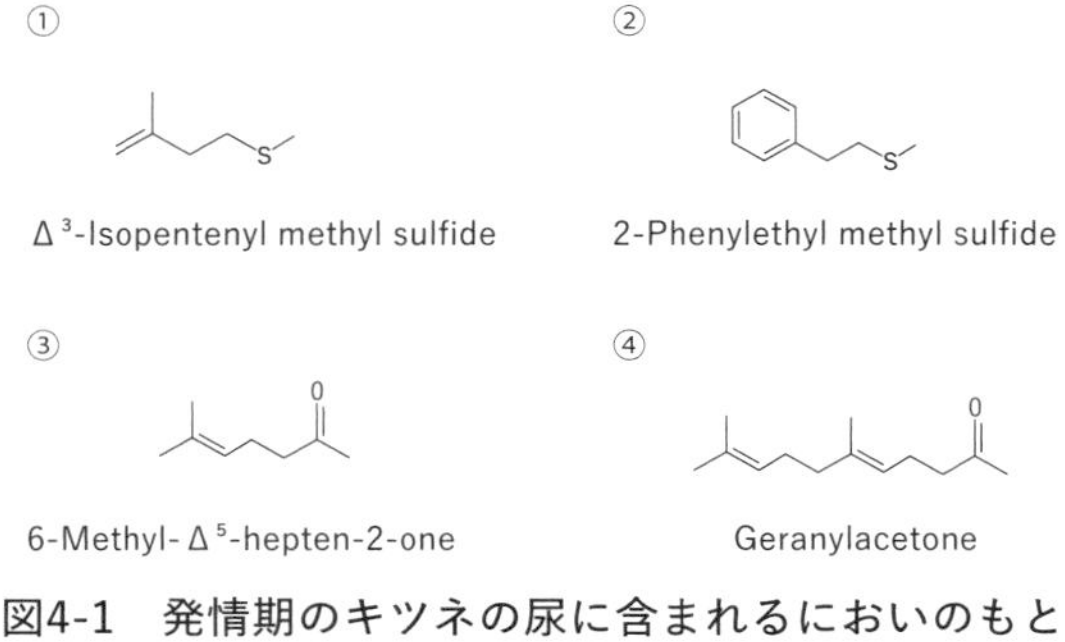

図4-1　発情期のキツネの尿に含まれるにおいのもと
［Jorgenson ら（1978）より作成］

「コン、コン」と書くことがあるのは、この時期のキツネの恋の歌が、とても耳に残ったためかもしれません。

こうした鳴き声は、距離の離れたところにいるオスとメスのキツネたちが、おたがいのいる場所を確かめ合うのに役立ちます。逆におたがいの距離が近くなると、もっと別のより高い声を出し合い、体の動きで自分の気持ちを相手に伝えます。

離れられないふたり

普段のキツネは主にひとりで歩きまわります。オスとメスのキツネが2頭で連れそって歩く様子が見られるのは、こうした冬の恋の季節くらいです。冬に2頭のキツネが一緒に歩いていれば、先を歩くのはきっとメスの方でしょう。オスの方は、メスにつかず離れずといったかたちでメスの後につきそいます。ときどき、メスに近づきすぎて怒られたりします。それでも、こうしてメスの後をつけまわさないと、肝心の交尾のときに他のオスにメスをうばわれてしまう、なんてことも起こります。連れそって歩くペアのキツネの後を、複数のオスがつけまわすこともあるくらいなのです。

メスのキツネがオスと結ばれるのは、1年のうちのほんの数日だけです。この数日が恋のピークで、「発情」といいます。メスのキツネは、発情が訪れる2～3週間ほど前から、食事がのどを通らなくなります。まるで人間の「恋わずらい」のようです。野外でキツネが落としたフンの数の変化を調べてみると、発情の時期にはフンの量も減ってしまっています。オスの方も、この時期には食事の量が減ってしまうので、「恋わずらい」にかかっているのでしょう。

発情したメスを前にしたオスは、メスのおしりやわき腹を前足で軽くつついて、メスを交尾に誘います。メスの方は、後ろから近づくオスを振り返り、大きな口を開け、「ゲッゲッ」という声を出して、後ろ足で立ち上がりながらオスをつき返します（**口絵28**）。オスの方も、同じように後ろ足で立ち上がって、メスに対して前足をつき出して向き合います。こんなことを繰り返す様子は、まるで2頭のキツネがダンスをしているみたいです（**図4-2①〜⑤**）。

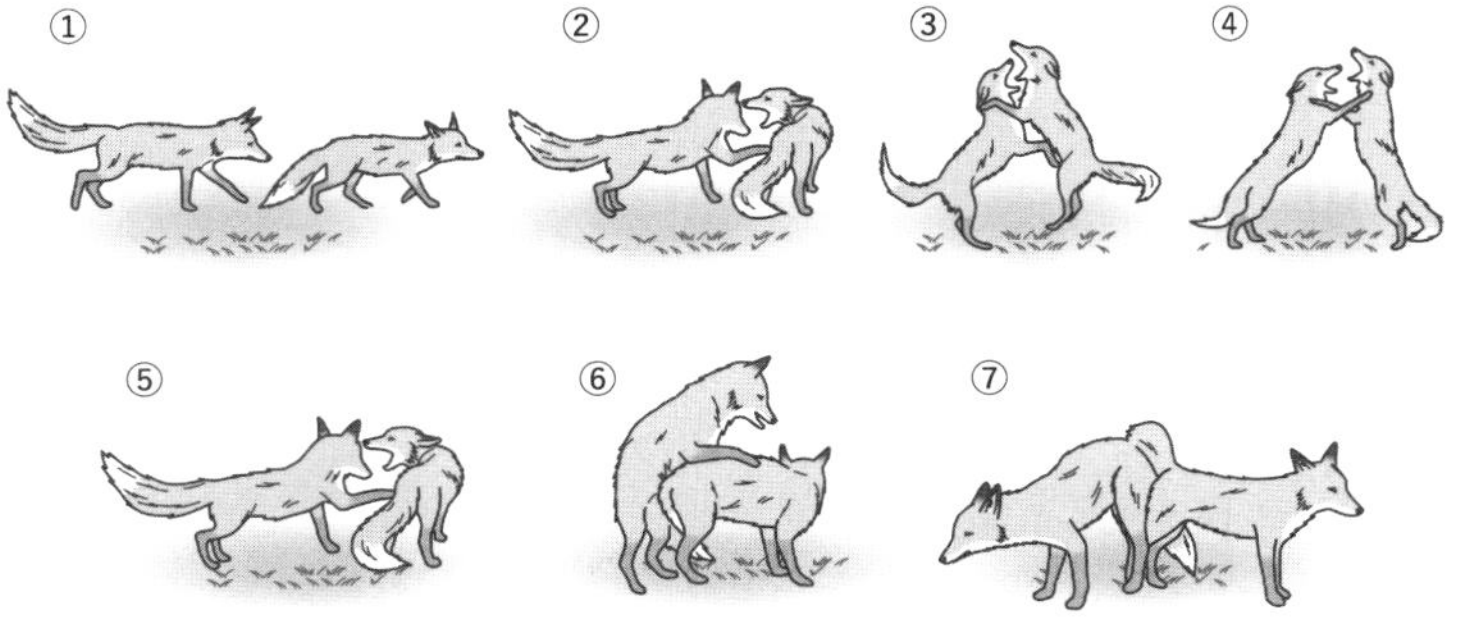

図4-2　キツネの交尾の一連の流れ
［Macdonald（1987）より作成］

やがて、メスがオスを受け入れて、前足をかがめておしりとしっぽを上げた姿勢になると、オスはメスの両わきを前足でかかえ、後ろ足だけで立ち上がるようにして交尾をします（**図4−2⑥**）。オスは何度か小刻《こきざ》みに腰を前後させた後、自分の体を反転させて、2頭がおしりをつけたまま反対の方向を向くようなかたちになります（**図4−2⑦**）。まるで2両の電車が連結したかのように。

このように、交尾をした2頭のキツネがおしりをつけたままつながった状態になることを「交尾結合」といいます（**口絵29**）。こうした姿勢のまま、数分から数十分、長い場合には1時間以上もすごします。交尾結合は、オスの出した精子をメスの卵子へ確実に受精させることや、他のライバルオスが自分のつがい相手と交尾できないようにするために行われると考えられています。こうして2頭のキツネは、まさに〝離れられない〟関係になるわけです。

仲良し夫婦

キツネの夫婦は、仲良しな「おしどり夫婦」です（といっても、連れそって歩いているのを見られるのは発情期だけですが）。どういうことかというと、キツネは哺乳類の中ではめずらしく、1頭のオスと1頭のメスだけで夫婦になる動物なのです。この夫婦関係は複数年にわたって続き、毎年子どもを産みます。こうした結婚の仕方を、「一夫一妻《いっぷいっさい》」といいますが、哺乳類の多くは、毎年複数のオスと複数のメス同士で交尾をしたり（乱婚）、１頭のオスが複数のメスをお嫁さんにできるような交尾の仕方（一夫多妻）をしています。

哺乳類は、その名のとおり、メスが乳を出して子どもを育てます。子どもが小さいうちは乳しか飲まないので、乳が出せないオスは、子どもに栄養を与えられません。そのため、子育てはメスに任せっきりにして、自身はより多くのメスと交尾をすることで、自分の子どもをたくさん残すことができてしまいます。実際、多くの哺乳類のオスは、父親とは名ばかりで、まったく子育てをしません。

一方、キツネは違います。自分の妻と一緒に子どもを育て、立派に父親としての役割を果たします。母親が亡くなった場合には、父親だけで子どもを育ててあげることもあります。このようにキツネの社会では、１頭のメスと１頭のオスが力を合わせて子どもを育てることが、夫婦の基本となっています。

ただし、どこの世界にも例外はあるものです。キツネの親子関係を遺伝子レベルで調べてみると、家族の中に、育ての親とは異なるオスの子どもがまざっていることもあります。例えば、イギリスの都市部で、とても高い生息密度で生活しているキツネでは、約４割の子どもにおいて、育ての父親と実際の父親とが異なっていました。見かけ上は仲の良い夫婦に見えても、こっそりと浮気相手を見つけて、交尾を行っているようです。

妻のためにエサをお届け

交尾がうまくいくと、メスの体の中では、およそ16〜18日後に受精卵が子宮に着床し、妊娠します。妊娠すると、メスのおなかはだんだんと大きくなっていきます。横から見ると、後ろ足の付け根のちょっと前のあたりがぽっこりとふくらみます。正面から見ても、横のおなかが肩幅からはみ出すのがわかります。おなかが大きくなってくると動きまわるのが面倒になるのか、準備しておいた巣穴の手入れをしながら、その前で寝ていることが多くなります。オスも連れそって、巣穴の前で仲良く丸くなる姿が見られます。

いよいよ出産が近づいてくると、メスは巣穴の中にこもるようになります。こうなると、オスの出番です。出産をひかえ、自分ではエサを捕れなくなるメスのために、せっせと獲物を捕まえては、メスへ運ぶようになります。このように、オスはメスへとかいがいしく獲物をみつぎますが、その受け渡しは巣穴の出入り口付近で行われます。オスが巣穴に入ることはメスから拒否されてしまうのです。

出産してからも、メスは子どもへの授乳や排泄の世話にいそがしく、1週間ほどは巣穴から出てきません。生まれたばかりの子どもは体温を保つことができないので、母親の体にぴったりとくっついて暖めてもらう必要があります。また、自分の力で排泄ができないので、肛門を母親になめてもらわなければなりません。メスが子どもの世話につきっきりになる間も、オスは捕まえた獲物をメスに運び続けます。キツネの子育てには、オスの手助けがとても重要なのです。

2 キツネの家族生活

この節では、キツネの家族について解説します。「家族」といっても皆さんが想像するものとはすこし異なるかもしれません。繰り返しになりますが、おとなのキツネは基本的にはひとりで行動します。家族で一緒に歩いたり、みんなでエサを仲良く食べたりするわけではないのです。キツネが2頭以上で一緒に見られるのは、子育て中のおとなのキツネと子ギツネたち、もしくは恋の季節の夫婦ギツネだと頭に入れておいてもらえるとよいと思います。

キツネは子だくさん

キツネの家族は子だくさんです。1頭で生まれてくることは少なく、通常、3～5頭の子どもが生まれます。ただし条件によっては、妊娠する子どもの数が8頭以上になることもあるようです。野外では、一家族に13頭もの子どもが一緒に育てられた例も観察されていますが、さすがにこれだけの数を1頭の母親だけで産むことは、まずないと思われます。こうしたケースでは、複数のメスが子育てに関わっていることが確認されており、これらのメスたちが産んだ子どもが、一緒になって育てられているようです。また、キツネの母親は、血のつながっていない子どもを受け入れ、育てることに抵抗がありません。交通事故で死んでしまった別の母親の子どもたちを、自分の子どもと一緒に授乳して育ててあげることも確認されています。

きょうだいはライバル

子ギツネたちは、生まれて1~2週間すると、目と耳が開き、だんだんと歩きまわることができるようになります。生まれて3週目を迎えるころから、子ども同士での激しい争いがはじまります。まだ巣穴の中で暮らしているので、暗闇での戦いです。もう手当たりしだいにまわりの個体に噛みつくといった具合です。

そのうち、他の個体が近づくと、口をすこし開いて歯をむき出した状態で威嚇し、さらに激しい噛みつきが続くようになります。生まれて4~6週目ごろにかけて争いは激しくなりますが、こうした争いを通して、子ギツネ同士の間での力関係が決まっていきます。母ギツネは、子ギツネたちの争いをいさめることはしないようです。

子ギツネたちの強さの順位は、直線的な関係です。一番強いものから順に、一番弱いものへと1頭ずつならぶことになります。生まれて8週間をすぎると、このような社会的順位がほぼ確立します。そして、子ども同士の激しい争い自体が少なくなっていきます。

社会的順位は、基本的にオスの方が高く、メスの方が低くなります。また、順位をめぐる争いの中で、弱い個体を他の個体がよってたかって攻撃する、「いじめ」のようなことも起こります。いじめられる個体については、一番弱いオスの場合が多いようです。

そして、社会的順位により食事をする順番が決まります。最も強い個体が一番先にエサをひとり占めし、弱い個体は強い個体がエサを食べた後でないと、食事にありつくことができません。強い個体にエサをうばわれてしまうからです。強い個体は、エサをうばうと他の個体から離れたところでひとりで食べ、他の個体が近づくと激しく威嚇します。このように、キツネの場合は子ども同士が仲良くならんで食事をとる姿を見ることができません。食べものをひとり占めしようとするキツネの欲求はとても強いようです。

お父さんは働きもの

キツネのオスは働きものです。きちんと子育てに参加して、家族を見守ります。オスの父親としての役割は、育ちざかりの子どもたちにエサを運ぶことと、巣穴の近くでの見張り番、子どもの遊び相手となることなどです。母親と比べると、父親の子どもたちとの遊び方はやや乱暴に見えます。けれども、こうした激しい関わり方を子どもたちは喜ぶようです。

キツネの父親としての行動は、特に教えられなくても生まれながらに備わっています。〝みなしご〟として人間に育てられたオスのキツネが、自分の子ではない子ギツネを前にして、尿やフンを出させるために陰部や肛門をなめとり、安全な場所へくわえて運んで行き、エサなどを持ち帰ることも確認されています。また、子どもたちの安全のために、巣穴を掘って広げることもします。さらに子どもが大きくなると、母親が子どもを巣穴から連れ出して歩きまわる実習旅行が行われるようになりますが、この実習旅行に父親が子どもを連れ出すこともあるようです。

お姉さんは親代わり

キツネの家族は夫婦からはじまり、その子どもが生まれることで大きくなります。子どもたちがおとなになり、独立していなくなれば家族は夫婦だけにもどりますが、生まれた子どもが親のもとに残ったり、一度移動した後にもどってきて、家族に加わる場合があります。親もとに残って家族に加わるキツネたちはメスであることが多く、オスが残ることはあまりありません。つまり、キツネの家族は夫婦と、夫婦の子どものうち独立しなかったおとなのメスたち（生まれ年はさまざま）、そしてその年に生まれた子ギツネたち（オス・メス）で構成されます。

キツネの性成熟は9～10ヵ月齢なので、親もとに残ったキツネたちは、自分で子どもを産むことができます。しかし、そうすることはあまり多くありません。たとえ子どもが生まれても、うまく育たないことの方が多いのです。なぜなら、キツネの家族では社会的順位の高い、いわば一番強い夫婦のみが子どもを産むことができるという決まりがあるためです。独立しなかったメスギツネたち、言いかえれば「立場の弱い」メスたちには、自分で子どもを産むことをやめさせる社会的圧力が働きます。では、こうした弱い立場のメスたちがなにをしているかというと、自分のきょうだいとなる子ギツネにエサを運んだり、子ギツネの遊び相手となったりします。いわば、母親の子育ての手伝いをしているお姉さんといえるでしょう（**図4-3**）。

立場の弱い〝姉ギツネたち〟は、なぜ自分の子どもを産まないで、母親の子育ての手伝いをするのでしょうか。この答えのひとつは、

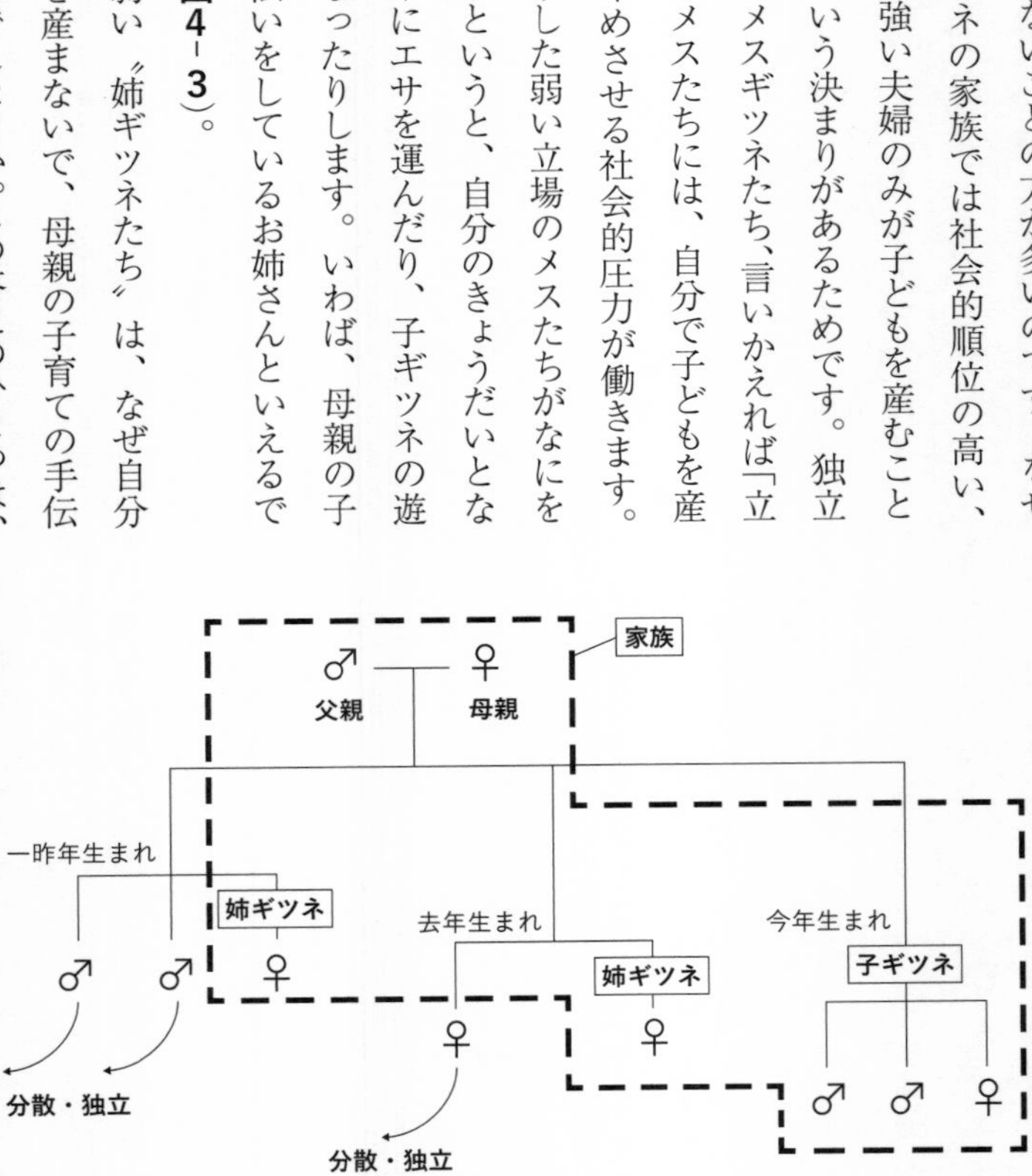

図4-3　キツネの家族構成の模式図
筆者が実際に観察したキタキツネの事例を基に作成。点線内の個体が家族としてグループを構成している。

自分の子どもではなくとも、すこしは血のつながったきょうだいを育てることで、自分の遺伝子の一部を次世代に伝えることができるためだと考えられます。自分の遺伝子を残すことは、動物にとって非常に大事なことです。

ここで、姉ギツネの視点で考えてみましょう。もし仮に父親が同じなら、姉ギツネ（自分）の母親の子どもはみんな、生まれた年が異なるきょうだいになります。そして、自分ときょうだいたちは血がつながっているので、遺伝子をすこしは共有しています。もし自分が子どもを産めるのであれば、その子どもとの方が血のつながりは濃いですが、産めない状況です。よって、子どもよりは血のつながりは薄いものの、きょうだいを育てることは、自分の遺伝子を残すという観点でみればまったくのムダにはならないといえます。

さらに、子育てを手伝う他の姉ギツネ（おとなのキツネ）が増えれば、両親２頭だけで子育てをする場合よりも、たくさんの子ギツネを育てられるかもしれません。そうなれば、姉ギツネたちはたとえ自分の子どもを育てられなくても、自分と同じ遺伝子をすこしはもっているきょうだいを、さらに多く残すことができます。自分の遺伝子の一部を次世代に伝えるために、ムダどころか、悪くないやり方といえるでしょう。実際に、キツネの親戚といえる他のイヌ科の動物たち、例えば、リカオンやジャッカル、オオカミなどでは、子育てを手伝うおとなの数が増えると、より多くの獲物を倒し、エサにすることができるので、よりたくさんの子どもを育てられることがわかっています。

ただしキツネの場合は、家族内のおとな（姉ギツネ）の数の増加が、子ギツネをたくさん育てられることにつながるかについては、状況によって異なります。例えば、アラスカにあるラウンド島で暮らすキツネのケースはやや特殊で、おとなの数が増えると、子どもをもつ母親の数も増えます。すると、交代で子どもの見張りができるので、異なるとなりの群れのキツネに子どもを殺されてしまうことが減り、よりたくさんの子どもを育てることができます。一方、イギリスの都会で暮らすキツネは、多いときには一群のおとなの数が10頭にもなりますが、交通事故や駆除などで死亡する子どもの数は、おとなの数が増えるからといって大きく減ることはないようです。

また、子ギツネを育てるのにおとなたちが運ばなければならないエサの量を考えると、おとなの数が増えれば増えるほど、1頭あたりの運ぶ量は減り、母親の子育ての負担も減ることになります。このことが、母親の寿命をのばすのに役立つため、母親は自分の娘たちが同居することを許しているのかもしれません。さらに、親もとに残ることを選んだ娘たちにとっても、親もとを離れて暮らすことの危険の多さが、その選択を後押ししているのかもしれません。

3 子別れの儀式

それは一瞬のできごと

キツネの家族生活の中でもとびっきり有名なのが「子別れの儀式」でしょう。これは、かいがいしく子どもにエサを運んで世話をしていた母親が、急に態度を変えて子どもを追いかけはじめ、あるときは噛みついたりして、自分の見える範囲から子どもを追いはらってしまう行動のことです。夏から秋（7～10月）にかけて発生します。その発生時期は家族によって異なり、発生しない家族もあります。起こっても、多くは1日だけ、長くても数日程度しか起こらない稀なできごとです。

子ギツネは、前述のとおり巣穴で育ちますが、生まれて数ヵ月もすると巣穴を寝場所にしなくなります。このころにはひとりで狩りもできるようになっており（とはいえ、まだ親ギツネにエサを運んでもらっていますが）、それぞれ思い思いの場所を寝場所にするようになります。子ギツネたちの寝場所はばらばらですが、各寝場所は数十m以内の近い範囲にかたまっています。

子別れの儀式が発生する場所は、この子ギツネたちがかたまって寝場所としているあたりです。子ギツネたちと親ギツネが確実に出会う場所自体が、こうしたところに限られているためだからでしょう。この時期の子ギツネたちの居場所は、同じ家族内で寝場所が数十m以内にかたまっているとはいえ、複数の場所にちらばっており、私たちが見つけるのは簡単ではありません。また、子ギツネたちの寝場所に使われるところは、毎年のように変わるので、キツネを見つけて観察するのが得意な人にとっても、子別れの儀式の場面に出会うことはなかなかできません。ほんの1日の限られた時間、長くても数日で終わってしまうので、見逃してしまうことが多いのです。こうした観察の難しさからか、キツネの分布が全世界に広がっているにもかかわらず、「子別れの儀式、見たよ!」と報告した人は、北海道のキタキツネを観察していた数人の研究者しかいません。

お母さんが鬼になる

筆者が子別れの儀式を観察できたのも、これまでに2回だけ、しかもわずか1日ずつだけです。1回目は、筆者がキツネの家族の本格的な観察をはじめて1年目の1989年のことで、それは9月9日に突然発生しました。

その日筆者は、2m以上もの高さで立ちならぶ、ウシのエサ用のトウモロコシ畑の近くで、車の中からキツネの様子を観察していました。そのトウモロコシ畑は、オスとメスの２頭の子ギツネが寝場所にしていたところでした。霧が立ち込める中、夕方になり、この２頭の子ギツネがトウモロコシ畑の中から起き出してきて、いつものようにじゃれ合いながら畑の前で遊びはじめました。するとそこへ、こちらもいつものように子ギツネたちの母親があらわれたのですが、その日だけは様子が違っていました。

母親が突然、子ギツネをものすごいスピードで追いかけはじめたのです！　その様子に気づいた子ギツネたちも、あわてて逃げはじめました。霧が濃くて、親子たちの細かな様子までは十分に観察できなかったのですが、この追跡劇の翌日から、子ギツネたちがトウモロコシ畑を寝場所にすることはなくなり、この親子たちが一緒にいる様子も見られなくなりました。

２回目の観察もこの家族でのことでした。同じ年の９月28日に、別のオスの子ギツネと母親との追跡劇を観察できました。このオスの子ギツネは、河原に広がる牧草地のわきの草やぶを寝場所としていました。その寝場所の前で子ギツネが母ギツネと出会ったところ、突然、母ギツネがその子ギツネを追いかけはじめたのです。子ギツネの方は猛スピードで逃げまどい、２頭は筆者の視界の外へと消えていきました。この日以降、やはりこのオスの子ギツネも河原の寝場所を使うことがなくなりました。

このように、筆者自身の観察は実にあっけないものだったのですが、子別れの儀式を世界で初めて報告した竹田津実《たけだつみのる》さんは、母ギツネが執拗に子ギツネを追いかけまわし、ときには噛みつき、親が鬼となる〝狂気の行動〟を見せると表現しています。こうした母親の行動を境にして、母ギツネと子ギツネの間の親子関係は解消され、子ギツネたちは親もとを離れてひとり立ちしていくことになるのです。

ただし前述のとおり、すべてのキツネの家族で、このような劇的な子別れの儀式が発生するわけではありません。例えば、先ほど紹介した筆者が観察していた家族では、翌年の子育てでは子別れの儀式が観察されず、親子は自然にばらばらになりました。また、この行動を初めて報告し、長年にわたってキツネの家族を見続けた竹田津さんでも、今までにわずか4例ほどしか子別れの儀式を観察できていないそうです。観察することができた人は、きっとねばり強くたくさんのキツネの家族を見続けた人か、幸運にめぐまれた人なのでしょう。

親と子の複雑な関係

そもそもなぜキツネは、このようにケンカをするかたちで親子関係を解消させるのでしょうか。その背景を理解するには、親と子が生まれながらにかかえる利害関係の違いについて知る必要があります。

親が子どもを育てるためにかけられる世話（時間や手間など）の量は限られています。キツネの場合、子どもが小さいうちは、体を温めてあげたり、排泄物をなめとったり、乳を与えたりするでしょう。さらに子どもが大きくなってくると、大量のエサを運んだり、外敵から守ったり、一緒に遊んであげたりもします。しかし、親がこうした子どもの世話に手をかけすぎると、疲れ果てて体調をくずし、翌年に生まれた子どもの世話が十分にできなくなるかもしれません。一生のうちに子どもを何度も産み、毎年のように子育てを繰り返すには、1回の子育てに労力をかけすぎず、ある程度は〝省エネ〟しながら子育てをしていく必要があります。親にとっては、どの年に産む子どもであっても、自分の遺伝子を同じくらい受け継いでいるので、遺伝子の面での大切さには違いがないからです。

一方で、子どもにとって、自分が親から世話を受けられるのは一度きりです。なので、この一度きりの世話を、親にできる限りしてもらうことを望みます。「次に生まれてくるきょうだいのために、1頭にかける労力を減らそう」と親が考えても、子どもの方はそれを許しません。なぜなら、自分の方がきょうだいよりも大事だからです。遺伝子の面で見ても、きょうだいが生き残るより自分が生き残る方が、自分の遺伝子を次世代に残せる確率が高まります。

このように、遺伝子を次世代に残すという観点で考えた場合、親子の間では親が子どもにかける世話の量をめぐり、必ず食い違いが起こってしまいます。生きものが、次世代に伝わる自分の遺伝子がすこしでも多くなるように進化してきたことを考えると、親子はいつも、「親が子どもにかける世話の量をめぐって争う関係にある」とみなすことができます。これを、「親と子の対立」といいます。

こうした親と子の対立は、さまざまな動物で確認されています（**図4-4**）。哺乳類の多くでは離乳の時期に、鳥類では親からの給餌が終わる巣立ちの時期に、それぞれ親が子を攻撃するというかたちであらわれます。キツネは哺乳類なので、離乳の時期にこうした対立が起こりそうに思えますが、実は離乳自体は比較的スムーズに進みます。離乳時には、特に親と子の間での対立関係は認められません。しかし、鳥類で見られるような給餌が終わる時期、とりわけ、親が子どもへエサを運ぶことをやめるころに、親が子を攻撃するかたちで「子別れ」が発生しているようです。

キツネは他のイヌ科の動物と比べても、おとなが子どもへエサを運ぶ期間が長く、子どもがおとなと変わらな

図4-4　スマトラトラの子別れ
トラの子別れも離乳後に起こる。母親が近づく子どもを攻撃し、近寄らせない。なお現在、子どものトラは他園へ移動し、よこはま動物園では飼育されていない。
[提供：横浜市立よこはま動物園（ズーラシア）（よこはま動物園公式ブログ：「子別れ当日」2018年5月2日掲載より）]

い大きさになるまで給餌が続けられます。こうした子の世話にかかる負担の大きさが、その反動として強い攻撃行動である「子別れの儀式」という大きなイベントの発生につながっているのかもしれません。

4

キツネの旅立ち

秋は旅立ちの季節

秋はキツネにとって旅立ちの季節です。3～4月ごろに生まれた子ギツネたちも、10～11月ごろには生まれて半年ほどがたち、体つきも親と変わらないぐらいにまで成長します。夏の終わりごろに親離れをし、ひとりで生活するようになった子ギツネたちは、自分たちが新たな家族をもてる場所を求めて、放浪生活をはじめます（前述したように、親もとに残る個体もいます）。このように、自分が生まれた場所を離れ、新しいところですみかと結婚相手を見つけるために放浪する、もどることのない旅を「分散」と呼びます。

いきなり旅立つキツネがいる一方で、分散をはじめる前に何度か下見に行った後で旅立ちを迎えるキツネもいます。こうした分散では、その地域に住むキツネたちがある決まった方向へと移動するのではなく、それぞれがてんでばらばらの方向へ、そして比較的まっすぐに、長い距離を夜どおし進んでいくといった特徴があります。移動するときの速さも、通常より3倍ほど速くなります。1週間ほど移動した後、数日間の滞在を経てまた移動をはじめますが、中には２週間以上も連続して移動を続ける個体もいます。また分散の途中、大きな川に行く手をはばまれたり、人間が多く住む地域や市街地周辺に大きくかたまった林地を避けたりするなど、地理的条件によっても行き先が左右されます。なお、せまい川なら泳いで渡ったりもします。そして、移動と滞在を繰り返し、最終的に落ち着く場所へといたるまでに、４ヵ月ほどかかる個体もいます。

何百kmもの長い旅

親もとを離れた放浪の旅は、とても長い距離におよびます。第2章で、北アメリカやスウェーデンにおける、直線距離で４７８～５００kmも移動した例を紹介しました。さらに、人工衛星から出る電波で位置を記録するＧＰＳをキツネに装着し、分散の道すじをたどったスウェーデンでの研究では、直線距離で最大２５５km、その移動ルート全体では１０３６kmにもおよぶ移動をしたことが明らかにされています。この大移動の距離は、東京から大阪までを車で往復するのと同じくらいです。キツネの移動能力の高さにはびっくりさせられます。

ちなみに、北海道のキタキツネでも、こうした分散の移動で、直線距離で50kmや70kmも旅した個体がいることが確認されています。筆者が捕まえて耳に印を付けて放したキツネでは、47kmの長距離移動が確認されました。

こうした大旅行は、先にも述べましたが、比較的まっすぐに進む長距離移動と数日間の滞在を繰り返して、最終的な定着地へとたどりつきます。自分の生まれ育った場所から遠くの方向へのみ移動する個体もいますが、中には、元の方向へともどる動きをする個体もいます。その動きはまるで、自分が旅した先で何日か暮らしてみた上でどこに住むかを決めているかのようです。移動した先での数日の滞在で、暮らす上で危険な要素はないか、すでに暮らしているキツネはいるのか、それはどんなキツネなのか、といったことを調べながら、落ち着くべき場所を決めているのでしょう。

実際、キツネが分散する距離は、キツネの生息数が少なく、すでに暮らしているキツネが動きまわる行動範囲が広い地域ほど、より長くなる傾向にあります。つまり、他のキツネがいない場所を求めて移動し、オスのキツネでは平均すると、となり4家族ほどの行動範囲（45～960ha[※1]）をこえて、メスのキツネでもとなり3家族ほどの行動範囲をこえて移動する傾向があるようです。ただし、世界の各地域で最も遠くまで移動したキツネの距離を平均すると、オスでは24家族分の行動範囲をこえて、メスでは18家族分の行動範囲をこえて移動していたことが明らかにされています。

オスは旅立ち、より遠くへ

キツネの分散行動にはオスとメスで明らかな違いがあります。キツネのオスは、メスよりも分散する割合が高く、９割以上が親もとを離れていきます。これに対してメスの方は、分散せずに親もとに残る割合が高く、半分近くが分散しないケースも確認されています。また、分散する距離もオスの方がメスよりも長く、平均するとオスはメスの１・２〜３・７倍も遠くへ移動していきます。分散を開始する時期はオスの方が早い傾向にありますが、メスの多くが分散していく地域では、こうした性による違いはそれほどはっきりとはしなくなるようです。

見知らぬ土地をさまよう分散の旅は危険に満ちています。捕食者に襲われたり、狩猟者に追いかけられたときに、どこへ逃げれば安全かもわからないでしょう。また、見知らぬ道路を渡ると、交通事故にあうかもしれません。さらに、エサがどこで捕れるのかを見つけ出さないと、おなかがすいて動けなくなってしまいます。実際にこのような危険に満ちた旅のせいで、分散した個体の方が命を落とすリスクが高くなってしまうことが報告されています。では、旅立たなければキツネが生き残る確率は高くなるのでしょうか？　いいえ、話はそれほど簡単ではありません。

イギリスの都市に暮らすキツネを対象に、世界的にも非常に長期間にわたって調べられた研究によると、分散をしたキツネと親もとに残ったキツネを比べても、死亡する割合やどういった理由で死んでしまうかについての違いはありませんでした。また、死んでしまったキツネの胃の中に残っていた食べものの量で、どれくらいのエサを食べることができていたかを比べても、さらには尿の中に含まれる窒素から、どれくらい肉を食べられていたかを調べてみても、分散した個体と親もとに残った個体との間に違いはありませんでした。

ただし、３cm未満の小さな切り傷などといったケガについては、分散していったキツネの方が、親もとに残ったキツネよりも多い傾向にありました。これらは、キツネ同士のちょっとしたいさかいのときに、主に口のまわりの噛み合いで傷ついたものだと考えられます。一方で、３cm以上にもおよぶ大きなケガについては、どちらのキツネでもその数に違いはありませんでした。

このように、親もとを離れて旅立っていくのか、それとも親もとに残るのかの選択は、その後のキツネの生死を大きく左右することにはならなかったといえます。つまり、分散したキツネは命を落とす危険に遭遇しやすくなるものの、生き残る確率には大きな影響がなかったということです。おそらく、キツネが無事に生き残るかどうかは、どのような環境でどんな時代に暮らすかによってさまざまであり、分散によるキツネの旅の結果は、それぞれに異なっているのでしょう。

まだ見ぬ恋の相手を求めて

この節の冒頭で、キツネの旅立ち（分散）は、新たな家族をもてる場所を探しに行くことだと書きました。では、旅立たないキツネは、家族を自分でもつこと、すなわち自分の子どもをもつことはできないのでしょうか。

この答えは、オスとメスで異なります。オスの場合、ほとんど違いはないようです。旅立ったキツネは、その旅先でメスを見つけられれば、そのメスと結ばれて子どもを残すことができます。稀ですがオスが親もとに残った場合も、自分の家族同士での結婚はほとんどないものの、となりのなわばりで暮らす順位の低いメスとこっそり結ばれて子どもを残すことができているようです。

一方でメスの方は、本章の２「キツネの家族生活」で解説したように、親もとに残った場合はキツネ家族のしきたりが働いて、自分の子どもを自由に産むことは難しくなります。たまに順位の高いメス（たいていは自分の母親）の目を盗んで、近隣に住むオスとこっそり結ばれることもありますが、子育てに失敗することも多く、順位の高いメスのようにはうまく子どもを残せません。

ただし、順位の高いメスから生まれた子どもは、その順位の高いメスが死んだ場合、その生活場所を引き継いで、自分が順位の高い強いメスとなり、自由に子どもを残すことができるようになる可能性があります。自分の母親からその生活場所を受け継ぐ可能性が高いことに加え、自分の父親と母親が生んだ子どもたち（つまりは自分のきょうだい）と血のつながりが濃いことが、自分の子をもつことをあきらめてでも〝お姉さん〟として親もとに残る選択を後押しすることになります。

逆に、オスとこっそり結ばれた、順位の低い弱い母親から生まれたメスの子どもの場合はどうでしょうか。母親は順位が低いので、生活場所を受け継げる可能性は低く、順位の高い夫婦から生まれる子どもたちとの血のつながりもあまり濃くないため、親もとに残って、自分の出産をあきらめることは、自分の遺伝子を残すという点からはあまりメリットがありません。よって、自分の子どもをもつ可能性をすこしでも高めるために、より旅立つ傾向があるようです。

親もとを旅立ったメスは、親の目を気にすることなく、自由にオスと結ばれ、自分の子どもを産むことができます。しかし、見知らぬ土地を旅することは大変です。この旅で疲れがたまれば、最初の子育てをうまくやりとげるだけの力は残らないかもしれません。それでも、この困難を乗りこえられれば、結果として、親もとに残ったキツネよりも早く自分の子どもを産むことができるのです。

旅立ちの理由

そもそもなぜ、キツネの子どもたちは旅立つ必要があるのでしょうか。その答えのひとつには、キツネの家族が暮らしていけるエサなどの資源が限られていることがあげられます。エサをめぐるキツネの争いについては、次の節でもうすこしくわしく見ていくことにします。

キツネの子どもが旅立つもうひとつの理由は、親もとに残るとよい結婚相手を見つけることが難しくなるからです。子どもたちがみんな親もとに残ると、まわりにいるキツネたちは、自分と血のつながったきょうだいばかりになってしまいます。そこで結婚相手を見つけてしまうと、生まれてくる子どもの血が濃くなりすぎて（このような血のつながりの強いもの同士の結婚を「近親交配」といいます）、遺伝的に悪い影響があらわれやすくなります。近親交配による遺伝的影響により、体の機能が弱かったり、正常な発育ができない子どもが生まれる可能性が高くなってしまうのです。こうした可能性を避けるには、あまり血のつながりが強くない結婚相手を見つけることが大切になります。つまり、近親交配をなるべく避けるために、キツネの子どもたちは旅立つ必要があるのでしょう。

これまで見てきたように、オスとメスの間で異なる分散行動を示す結果、キツネの社会では、血のつながったメス同士よりも、オス同士の方が離れて暮らす傾向を示すようになります。実際にこの点を調べたスウェーデンの研究では、血のつながりが強いメス同士は平均すると６㎞ほど離れて暮らしていたのに対し、オス同士では平均して38㎞ほどと、より遠く離れて暮らしていることが明らかとなりました。こうしたオスにかたよったキツネの分散行動により、彼らが身近なところで結婚相手を見つけたとしても、血のつながりが強いもの同士で結婚することが少なくなっているようです。キツネの社会は実にうまくできていますね。

※1　1haは100m四方。

5

キツネのなわばり

おとなりはライバル

野生動物が日常的に動きまわる範囲のことを「行動圏」といいます。キツネは家族ごとにその行動圏が決まっています。キツネの行動圏の中には、子育てをするための巣穴や、日々の食事をするためのエサ場、休憩する休み場、睡眠をとる寝場所などが含まれます（**図4-5**）。行動圏の大きさは、地域によって大きなばらつきがあり、イギリスの都市部では、最小で8ha、平均で18haほどしかありません。

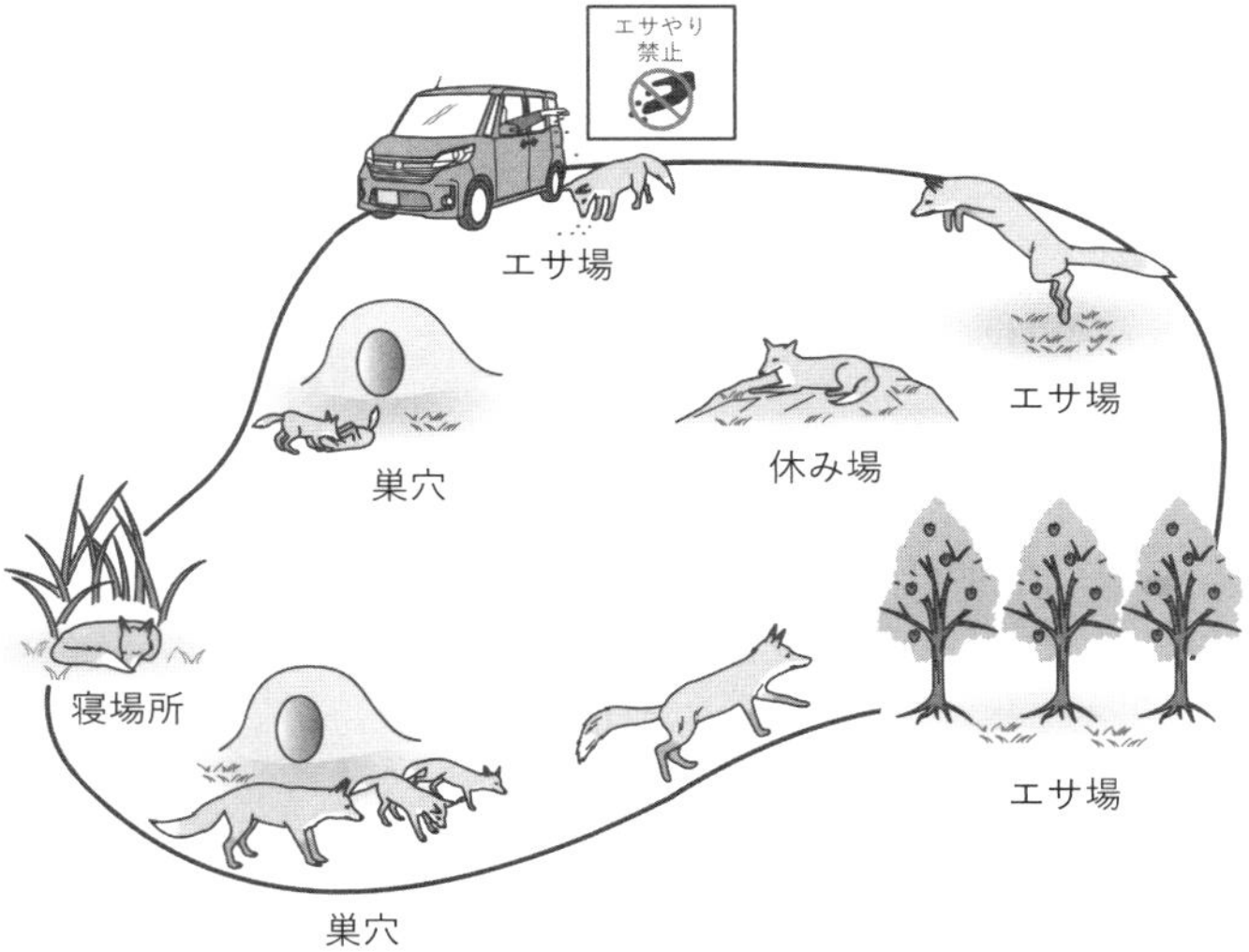

図4-5　キツネの行動圏

一方で、北欧のノルウェーやスウェーデンのキツネの行動圏は、平均で５２００ha、最大で３万５８００haにもなります。北欧の最大の行動圏は、イギリスの最小の行動圏の４５００倍（！）も大きいといえます。実にすごい違いですね。

日本ではこれほど大きな違いは確認されていませんが、それでも、筆者が北海道の知床半島で実施した調査では平均２９９ha（62～１４１０ha）、熊本県の矢部（現・山都町の一部）では３５７～６３１ha、栃木県の足尾山地では平均６５３ha（１４７～７３０ha）、北海道苫小牧市では５４６～８４８haなどといった行動圏の違いが報告されています。

キツネのこうした行動圏の大きさのばらつきは、基本的には家族が暮らしていくのに必要な食べものが、どれくらいの範囲にちらばっているかによって決まります。最小の値を示したイギリスの都市部では、住民がキツネに与えるエサがキツネの食生活を支えていました。そのため、こうした住宅が立ちならぶ都会では、とても小さな範囲でもキツネが暮らすことができるのです。一方で、北欧のような場所では、野ネズミや野ウサギなどがキツネの主食となります。こうした獲物が１ヵ所にかたまって暮らしているわけではないため、獲物を見つけるために広い範囲を動きまわることが必要だったと考えられます。

筆者が知床半島で調査していたキツネは、春から夏の初めごろには観光客からもらえるエサを食べ、秋には生まれた川にもどってくるカラフトマスやサケを食べていました。観光客からエサをもらえる場所は、観光道路のゲートが開いている時期の違いによって変化します。一方、カラフトマスやサケがもどってきて群れる川の河口は、毎年同じ特定の場所です。よって、これらのエサを食べるためにキツネが動きまわる範囲は季節によって異なり、これがキツネの行動圏の大きさを変化させる原因となっていました。

さらに、キツネの家族の行動圏の配置や大きさは、となりの家族との関係によっても決まります。キツネの家族の行動圏は、基本的にとなりの家族とは重なりません。キツネたちは、おたがいに出会うことを避け合いながら暮らしています。こうした行動圏を「なわばり」と呼びますが、キツネの家族は、「家族なわばり」をもって暮らしているといえます。

なわばりの中に含まれるエサは、そこに暮らす家族のキツネだけが利用し、となりのキツネがそれを食べにやってくると、なわばり内の家族は追いはらいます。さらに、自分のなわばりをおとなりのキツネに知らせるために、第2章で紹介したように尿でにおいづけをして、「ここから立ち入り禁止」ということを他のキツネに知らせます。なわばりの主と争いたくないキツネは、尿のにおいを嗅いだだけで、なわばり内への侵入をあきらめることもあります。

しかし、中にはこっそりとしのび込んでエサを盗み食いすることもあります。例えば、先に述べたような季節限定で大量にやってくるカラフトマスやサケなどは、あまりにも量が多すぎて、なわばり内のキツネだけでは食べきれません。そんな場合には、盗み食いにやってくるまわりのキツネたちの数の方も多くなりすぎて、なわばり内のキツネたちだけでは追いはらいきれなくなるのでしょう。

筆者がキツネに発信器をつけてその行動範囲を調べてみたところ、カラフトマスとサケがもどってくる川を含むキツネのなわばりには、となりのなわばりのキツネと、そのとなりのなわばりのキツネと、そのまたとなりのなわばりのキツネが盗み食いにきていました。つまり、3軒となりのなわばりのキツネまでが、なわばりの侵入者になっていたのです。サケ類は私たち人間にとってもおいしい魚ですが、キツネにとっても、わざわざ自分のなわばりを離れてまでも食べに行きたい、とても魅力的なエサなのでしょう。

キツネのなわばりは、尿などのにおいづけや追いはらいをすることにより侵入者から守られています。では、なわばりの主がいなくなるとどうなるのでしょうか。筆者が発信器をつけて調べていたあるオスのキツネが、事故で死んでしまいました。すると、その事故の8日後には、となりのなわばりのキツネの夫婦たちが、死んでしまったオスのキツネのなわばりへ侵入しはじめ、最後にはそのなわばりを乗っ取ってしまいました。このように、なわばりを守るための努力をし続けないと、おとなりのキツネになわばりをうばわれる、といったことが起こるようです。

ひとりが好きだけど、群れるのも平気

キツネのなわばりは家族ごとに決まっていると述べました。ですが、家族みんなで一致団結してなわばりを守るようなことはしていません。普段の生活では、家族のそれぞれが、ひとりずつばらばらに行動しており、群れて移動することは交尾・出産時期の夫婦や、子どもを巣穴から連れ出して歩きまわる実習旅行の親子を除けば、ほとんどありません。キツネが集団でいるところを見かけられるのは、子育ての時期に、巣穴のまわりに子どもとおとなが集まるとき、あるいは魅力的なエサ場にとなりのなわばりのキツネたちが集まってくるときくらいといえるでしょう。

このように普段は離ればなれで暮らしていますが、家族それぞれの行動範囲を調べてみると、おたがいに重なり合う行動範囲の中で動きまわり、それらがとなりの家族とは重なりません。そのため、家族ごとになわばりをもっているのだと理解できます。普段は群れていないのに、同じなわばりをもつことで群れているといった、ゆるやかな群れをつくってキツネは暮らしているのです。

このようなキツネの〝ゆるい〟群れの暮らしは、同じイヌ科の親戚であるオオカミの群れのように、みんなで協力して狩りを行い、しとめた獲物を分け合って食べるといったものとはず

いぶん違って見えます。そもそもいったいなぜ、ゆるく群れているのでしょうか。

実際、キツネがこうしたゆるい群れをもつことが明らかになってくると、多くの研究者が「なぜキツネが群れているのか？」と頭を悩ませました。わざわざ群れて暮らすメリットがないように思えたからです。そして、この理由については、今でもはっきりとわかっていません。

とはいえ、キツネのような〝ゆるい〟群れがつくられるかどうかは、エサの分布が大きく影響しているようです。エサがたくさんあれば、子どもが親もとに残っても家族が暮らしていけるため、群れが形成されると考えられています。キツネのゆるい群れ（＝家族）は、夫婦を基本として、夫婦の子どもたちが分散をせず、娘たちを中心に親もとに残り続けることで大きくなっていきます。そして、群れの大きさは、なわばりの中で確保できるエサの量に左右されます。この量が少なければ、夫婦だけのなわばりになるでしょうし、多い場合には、夫婦とその娘や息子を加えた群れになるようです。こうした柔軟な家族のあり方が、キツネがいろいろな場所で繁栄していることにつながっているのかもしれません。

コラム６

キツネをどうやって追跡するの？

キツネが、どこをどのように動きまわっているのかについて調べることは、簡単ではありません。キツネと仲良くなって、彼らの後ろをついていければ、その行く先がわかるでしょう。けれども、キツネが動きまわるのは主に夜です。ライトを使わないと、キツネの姿を確認することさえ難しくなります。その上、キツネはライトに照らされ続けることを嫌がるので、あまりしつこいと姿をかくし、すぐに行き先を見失ってしまいます。

そのため、筆者たち研究者は、電波を出す発信器をキツネにつけて、その電波を手がかりにキツネの位置を見つけ出しています（**図４-６**）。こ

図4-6　発信器をつけたキツネ
（撮影：筆者）

の方法は「ラジオテレメトリー法」と呼ばれ、発信器からの電波は、アンテナをつないだ受信器で受け取ります。

この方法でわかるのは、電波が届く方向だけです。そのため、キツネの位置を知るには、2ヵ所以上の地点から電波が届く方向を確認することが必要です。電波の方向を示す直線が交わるところが、キツネのいる場所になります（**図4-7**）。

キツネが動いていると、この位置を決めるのが大変です。電波の方向を手早くつきとめ、次の場所へすばやく移動しないと、キツネから届く電波の方向がどんどん変わってしまうからです。ラジオテレメトリー法はとても便利なのですが、

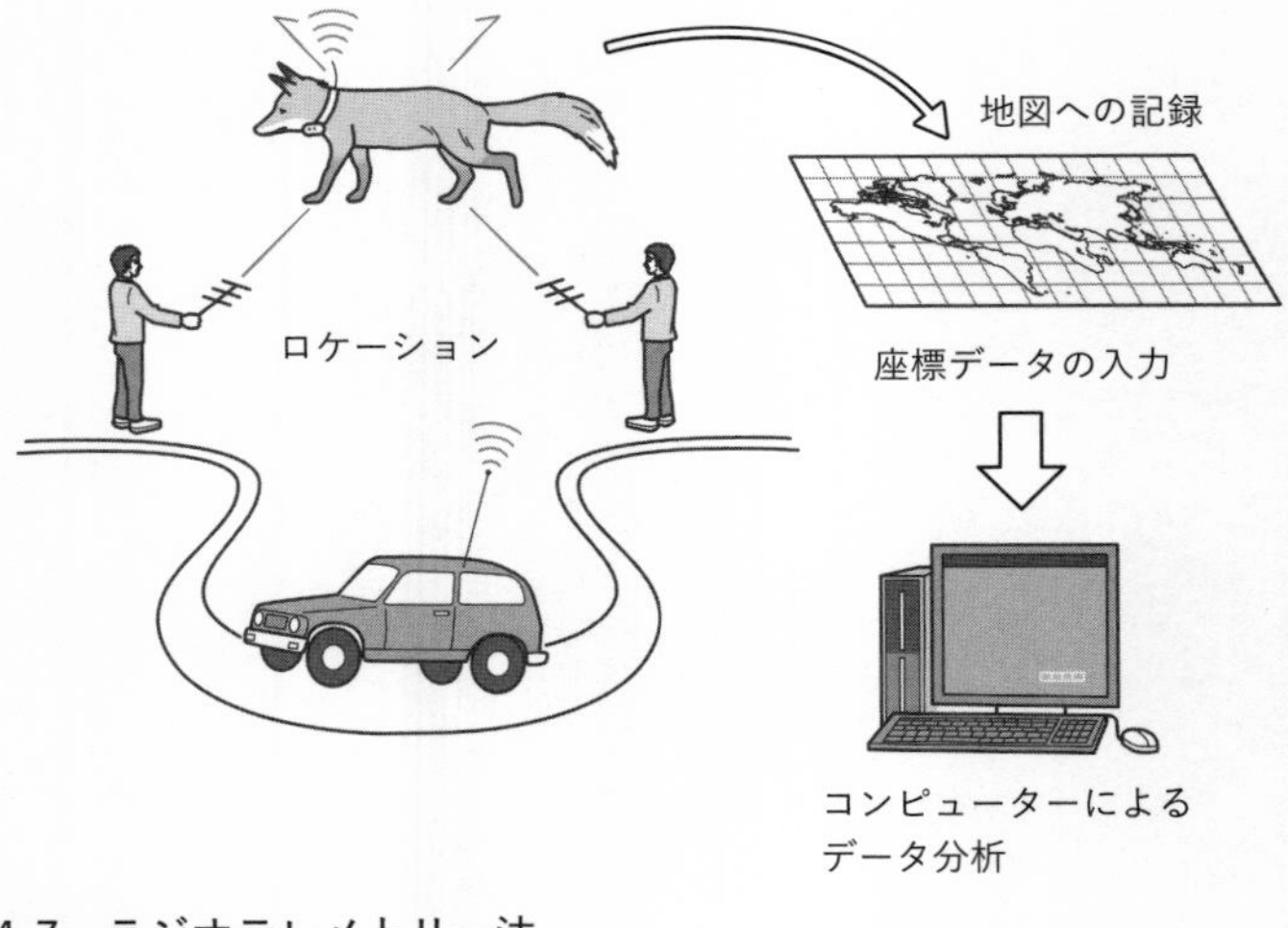

図4-7　ラジオテレメトリー法
［塚田（1994）より作成］

なかなか手間がかかる方法でもありました。

しかし最近では、携帯電話にも組み込まれているＧＰＳ（Global Positioning System）が普及し、キツネの追跡にも首輪型のＧＰＳ受信器が使われるようになりました（**図４－８**）。ＧＰＳ受信器は、地球の上をまわるいくつもの人工衛星からの電波を受信し、その送受信時の時刻の違いから人工衛星までの距離を割り出します。こうした人工衛星までの距離をいくつも重ねて計算することで、ＧＰＳ受信器の正確な位置が計算できるのです。

キツネの位置の情報は、ＧＰＳ受信器に蓄えられ、地上から電波でＧＰＳ受信器と交信したり、人工衛星を経由して交信したりすることでキツネがどこにいたかを知ることができます。とても便利な時代になりました。このおかげで、キツネが実に長い距離を、どのように移動しているのかが事細かくわかるようになったのです。

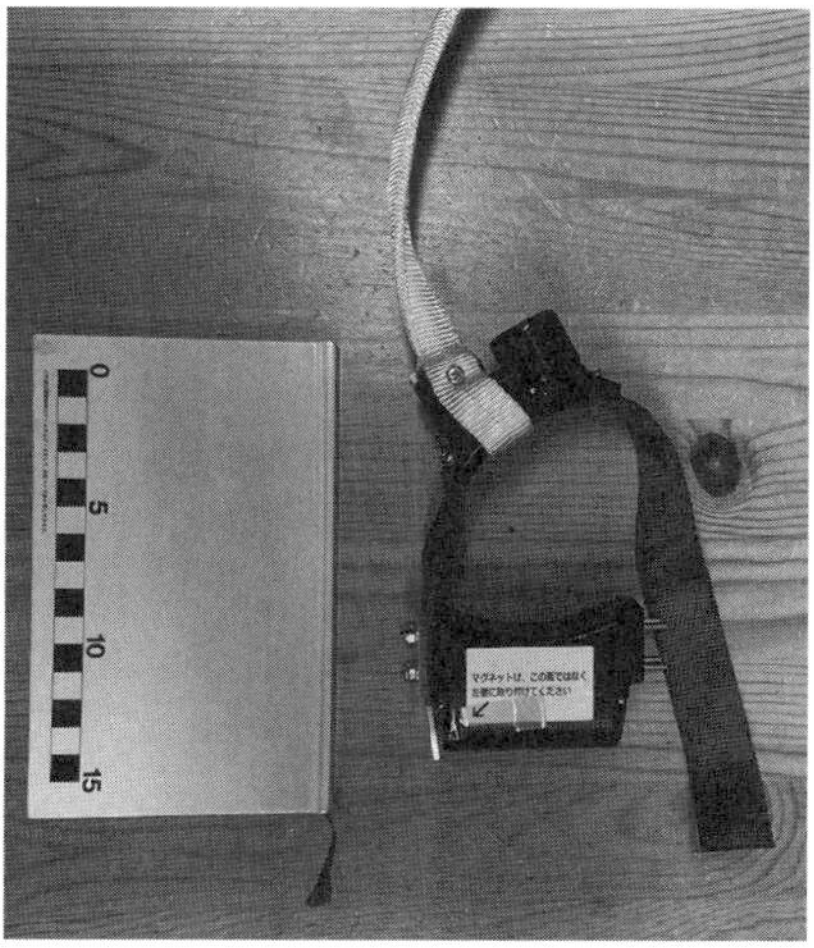

図4-8　首輪型GPS受信器
（撮影：筆者）

第5章 キツネと人とエキノコックス

1 エキノコックス症とは

日本でキツネの話をすると、必ずといっていいほど話題に出てくるのが、エキノコックス症という病気です。この章では、キツネが人間にもたらしてしまう、この病気について見ていくことにしましょう。

小さなサナダムシがやっかいもの

エキノコックス症とは、エキノコックスというとても小さな虫が人の体の肝臓などに住みついて悪さをする病気です。虫といっても、いわゆるカブトムシやカマキリのような昆虫ではありません。プラナリアやコウガイビルのような扁形《へんけい》動物という生きもののひとつで、他の動物の体の中に住みつく「寄生」という生き方をするサナダムシのなかまです。

エキノコックスは、卵を産む成虫の大きさが2～4㎜ほどしかありません。この成虫がキツネの体の中、特に腸の管の内側へつき刺さるようにして住みつきます（**図5-1**）。体は平べったくて細長く、3～5つの節に分かれていて、一番後ろ側の節には卵がびっしりとつまっています。エキノコックスが成長すると、この後ろ側の節がちぎれて、数百個もの卵がキツネのフンと一緒に野外にばらまかれます。この卵を、私たち人間が食べものや飲み水を通して知らないうちに飲み込んでしまうと、エキノコックス症にかかってしまいます。

卵からかえったエキノコックスの幼虫は、人間の体の中で、主に肝臓へと移動します。そこで長い時間をかけてゆっくりと成長していくのです。成虫のような姿はしておらず、たくさんの袋がふくらんでぶどうの房のようなかたまりに見えます（**図5-2**）。このような幼虫の形から、多包条虫《たほうじょうちゅう》ともいいます。

幼虫が私たちの体の中で大きくなるには、5～10年以上もかかります。このゆっくりとした成長の間に、じわじわと私たちの体をむしばんでいき

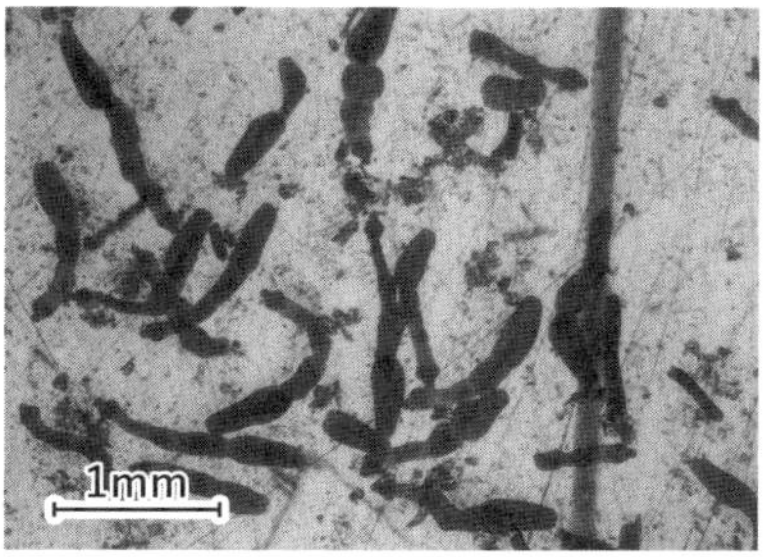

図5-1　キツネに寄生していたエキノコックスの成虫
（撮影：筆者）

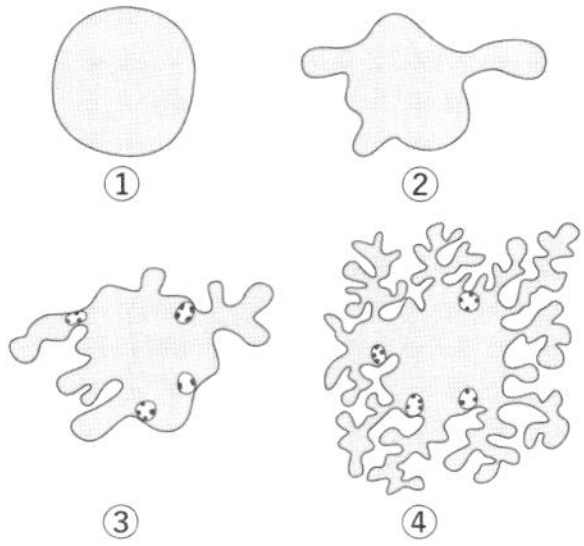

図5-2　エキノコックスの幼虫の成長
①単嚢期　②多房化初期
③多房化進行期　④多包虫完成
［山下、神谷（1997）より作成］

ます。体の具合が悪くなり、エキノコックス症にかかったとわかるころには、いつ、どんなかたちで卵を飲み込んだ可能性があったのか、すっかり忘れてしまっています。そのため、この病気にかかってしまったきっかけを明らかにすることはとても難しいのです。

エキノコックス症にかかると、疲れやすくなったり、おなかが痛んだり、顔色が悪くなったり、おなかに水がたまったりします。この病気を治す薬はないため、病気にかかったら、エキノコックスが大きくなった部分を取り除く手術を受けなければなりません。手術を受けずに放っておくと、死んでしまうこともあります。とても恐ろしい病気です。

エキノコックスの複雑な生活

エキノコックスの生き方は、すこしばかり複雑です。人の体の中では幼虫にしかならず、卵をもつ成虫にまでは成長しません。一方で、キツネがエキノコックスの卵を飲み込んでも、卵がかえって幼虫がキツネの体内に住みつくことはありません。では、エキノコックスの成虫はどのようにしてキツネに住みつくのでしょうか？　それは、エキノコックスの幼虫がひそむ野ネズミを、キツネがエサにすることで可能となります。エキノコックスが野ネズミに寄生し、キツネがその野ネズミを食べてエキノコックスの幼虫を飲み込み、その幼虫がキツネの体内で成虫へと成長するのです（**図5-3**）。このようにエキノコックスは、幼虫と成虫とで住みつく動物を変えながらたくみに生き抜いています。

エキノコックスの幼虫のみが住みつく野ネズミを中間宿主《ちゅうかんしゅくしゅ》、エキノコックスの成虫のみが住みつくキツネなどを終宿主《しゅうしゅくしゅ》といいます。人間はエキノコックスにとって中間宿主にあたります。野外では、野ネズミの他に、ブタやウマなども中間宿主になります。たまに動物園のオランウータンやゴリラ、ニホンザルがエキノコックスに感染することもありますが、この場合も幼虫のみが寄生するので中間宿主です。

終宿主には、キツネの他にイヌやタヌキ、ネコなどがなります。ただし、ネコの体内ではエキノコックスは十分に発育することができません。

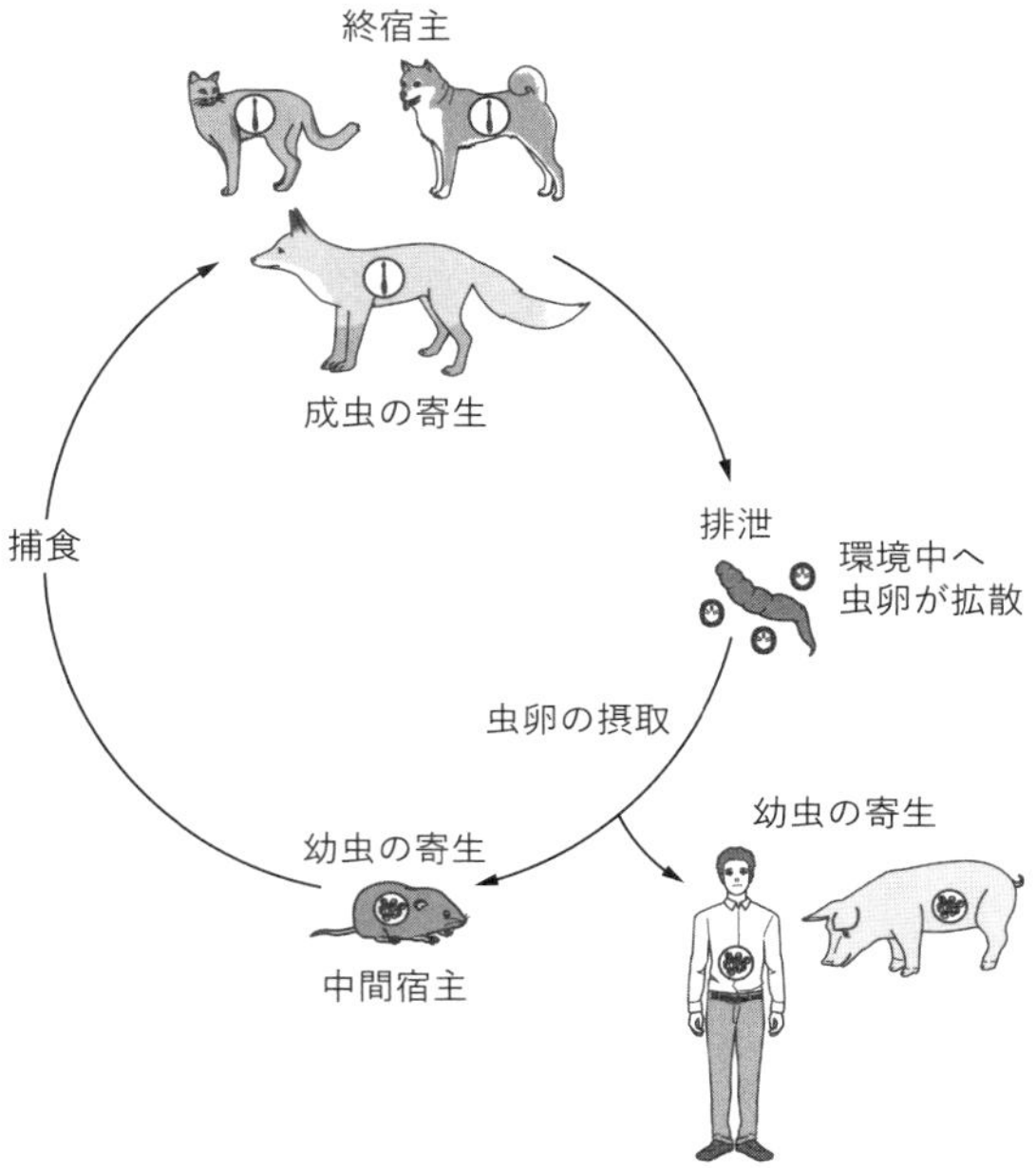

図5-3　エキノコックスの生活環

また、タヌキに住みつく割合はあまり高くなく、キツネほどではありません。そのため、ネコやタヌキなどが、キツネのようにエキノコックスをたくさんかかえて、多くのエキノコックスの卵をまきちらすことは少ないようです。

一方でイヌについては、キツネと同じくらいたくさんの成虫が住みついて卵をばらまきます。そのため、人間がエキノコックスにかかってしまう可能性を考えると、より身近に暮らすイヌの方が、キツネ以上に恐ろしい危険な動物といえるかもしれません。

卵で人に感染

私たち人間がエキノコックス症にかかるのは、エキノコックスの卵を飲み込んでしまうからです。卵は丸い形をしていて小さく、直径が0・030〜0・035㎜しかありません。小さいので直接見ることはできず、顕微鏡を使ってようやくその姿が確認できます。卵はしっかりとした厚い殻でおおわれており、その中に6本のとげをもった幼虫が入っています。私たちがその卵を飲み込むと、消化液の力でこの殻がこわれて、幼虫が私たちの消化管から体の奥へと侵入します。

人の消化液ではこわれてしまう卵の殻ですが、実はとても丈夫で、アルコールやホルマリンなどの消毒液ではこわせません。寒さにも強く、マイナス20℃まで冷やせる冷凍庫で凍らせても、卵の中の幼虫は生きのびてしまいます。この丈夫な殻をこわすには、極端に寒くするか、熱くするかのどちらかが必要になります。

エキノコックスの卵に入った幼虫を冷やして殺すには、マイナス70℃まで下がる特別な冷凍庫で4日以上凍らせることが必要です。筆者自身も、調査のためにキツネの死体やフンを触ることがたびたびありますが、自分の安全のためにも、こうした特別な冷凍庫で十分に冷やしてから触るようにしています。

また、熱くしてエキノコックスの卵を殺すには、水が沸騰する温度まで加熱すれば十分です。よって、目に見えないエキノコックスの卵がついた食べものや衣服、家の外で使ったものなどからの感染を避けるには、熱湯消毒が安心といえます。筆者自身も、キツネに触った器具や衣服は、熱湯消毒するように心がけています。

このように、どこでエキノコックスの卵に触れる危険があるのかがわかっているのなら、熱湯消毒などを実施して安全対策をとることができます。けれども、野外でさまざまな活動をしていると、知らないうちにエキノコックスの卵に接していることがあるかもしれません。現時点では、エキノコックス症にかかってしまった人が、エキノコックスの卵をどのように飲み込んでしまったかについてはよくわかっていません。おそらく、野菜を生で食べたり、沢や川の水をそのまま飲んだり、土を触った手や土のついた衣服などを通して知らないうちに飲み込んでしまったのではないかと考えられています。私たちがエキノコックス症にかからないようにするには、土を触ったら手洗いをし、野菜を生で食べるときは十分に水洗いをし、沢や川の水は沸かしてから飲むようにすることが大切です。

病気の診断と治療

人がエキノコックス症にかかることは不幸なことですが、現在では、血液検査でエキノコックスにかかっているかどうかを簡単に調べることができます（→**コラム7**）。そこで感染が疑われたら、さらにくわしい検査を受けて、体の中にエキノコックスの幼虫がいないかを確認し、実際にエキノコックス症かどうかが判断されます。症状がまったくない状態でも診断できるため、早いうちに病気を発見することが可能になったといえるでしょう。エキノコックス症は、発見が遅れてしまうと死亡することもある恐ろしい病気ですが、病気になった部分を早めに手術で取り除けば、完治することが報告されています。病気の危険性がある地域では、定期的にエキノコックスにかかっていないかを調べておくことが重要です。

2 なぜ問題になったのか

日本にはいなかったエキノコックス

恐ろしい病気を引き起こすエキノコックスですが、昔から日本にいたわけではありません。もともとは、北アメリカからロシアやヨーロッパを含むユーラシア大陸の北の方に広く分布する寄生虫です。成虫は主にキツネなどのイヌ科の動物に、幼虫は野ネズミに寄生しており、キツネがネズミをエサとして食べることで、エキノコックスは生き残ってきました。このようにキツネと野ネズミの間を行き来しながら、エキノコックスはひっそりと生きていたのです。

そんなエキノコックスが、人の体に迷い込むきっかけをつくったのは人間自身でした。どうしてそのようなきっかけができてしまったのでしょうか。

キツネは、その昔から毛皮をとるために人間に利用されてきました（**図5-4**）。キツネの毛は、冬になると暖かくてふわふわの冬毛に生え変わります。これが、冬の寒さを防ぐ特別な服をつくるのに役立ちました。また、冬のキツネの毛は見事なオレンジ色をしていて、とてもきれいです。そのため、豪華ですてきな服をつくるのにも役立ちました。このように便利で見事なキツネの毛皮は、多くの人たちが欲しがるものとなり、さまざまなものと取り替えてもらうことができました。キツネの毛皮は、今のお金と同じようなものとして考えられるようになったのです。

「キツネを増やして毛皮をとれば、お金持ちになれる」、そのように考えた人々が、ロシアからアメリカのアラスカにかけてちらばる島々に、アラスカから連れてきたキツネを放し、そこで暮らす海鳥や野ネズミを食べさせて、増えていったキツネを捕まえ、毛皮にするようになりました。エサが足りない場合には、他の島からエサとなるネズミを運び込んで、キツネたちが食べられるようにもしました。こうした取り組みは、北海道の北に広がる千島列島の島々にも広がっていきました。千島列島には、日本から住みついた人たちが細々と暮らしていましたが、そうした人たちの暮らしを支えるため、キツネを飼ってその毛皮をとることが、国をあげて進められていったのです。

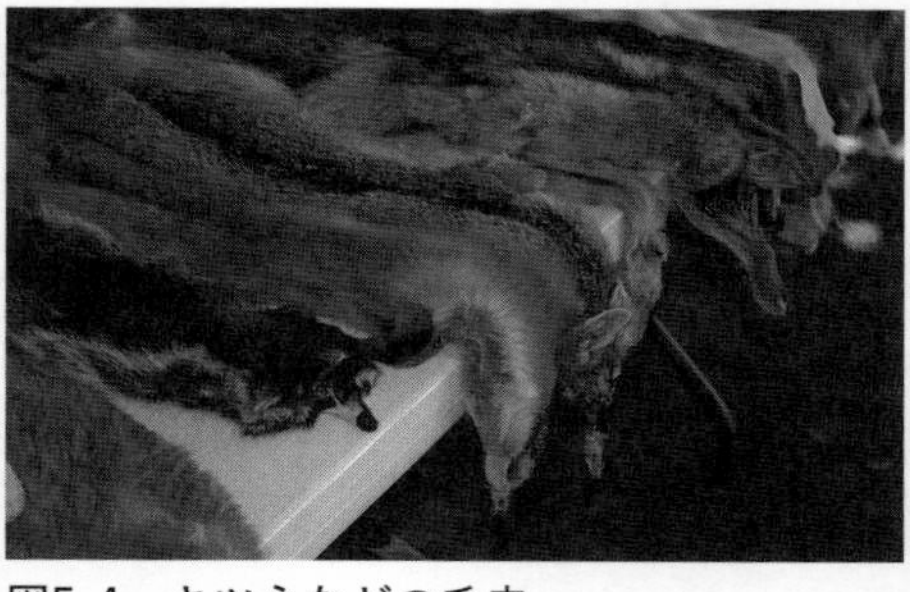

図5-4　キツネなどの毛皮

このような状況の中で、エキノコックスはその宿主とともに旅をすることになります（**図5-5**）。1870年ごろ、北アメリカのアラスカ沖のセントローレンス島から、キツネのエサとして、野ネズミがロシアのカムチャッカ半島の近くにあるベーリング島へ持ち込まれました。ところが、このネズミたちがエキノコックスに感染していたのです。そして、ベーリング島にいたホッキョクギツネが、持ち込まれたネズミを食べてエキノコックスに感染してしまいます。

さらに、このベーリング島から、北海道の北に広がる千島列島の宇志知島《うししる》と松輪《まつわ》島へと、１９１６〜１９１７年にかけて、ホッキョクギツネが持ち込まれました。これらの島でホッキョクギツネはまたたく間に15倍以上にも増えていきました。そして、管理をしていた人がキツネの居場所を広げるため、１９２０年にキツネたちの一部を、同じ千島列島の新知島《しむしる》へと持ち込んだのです。

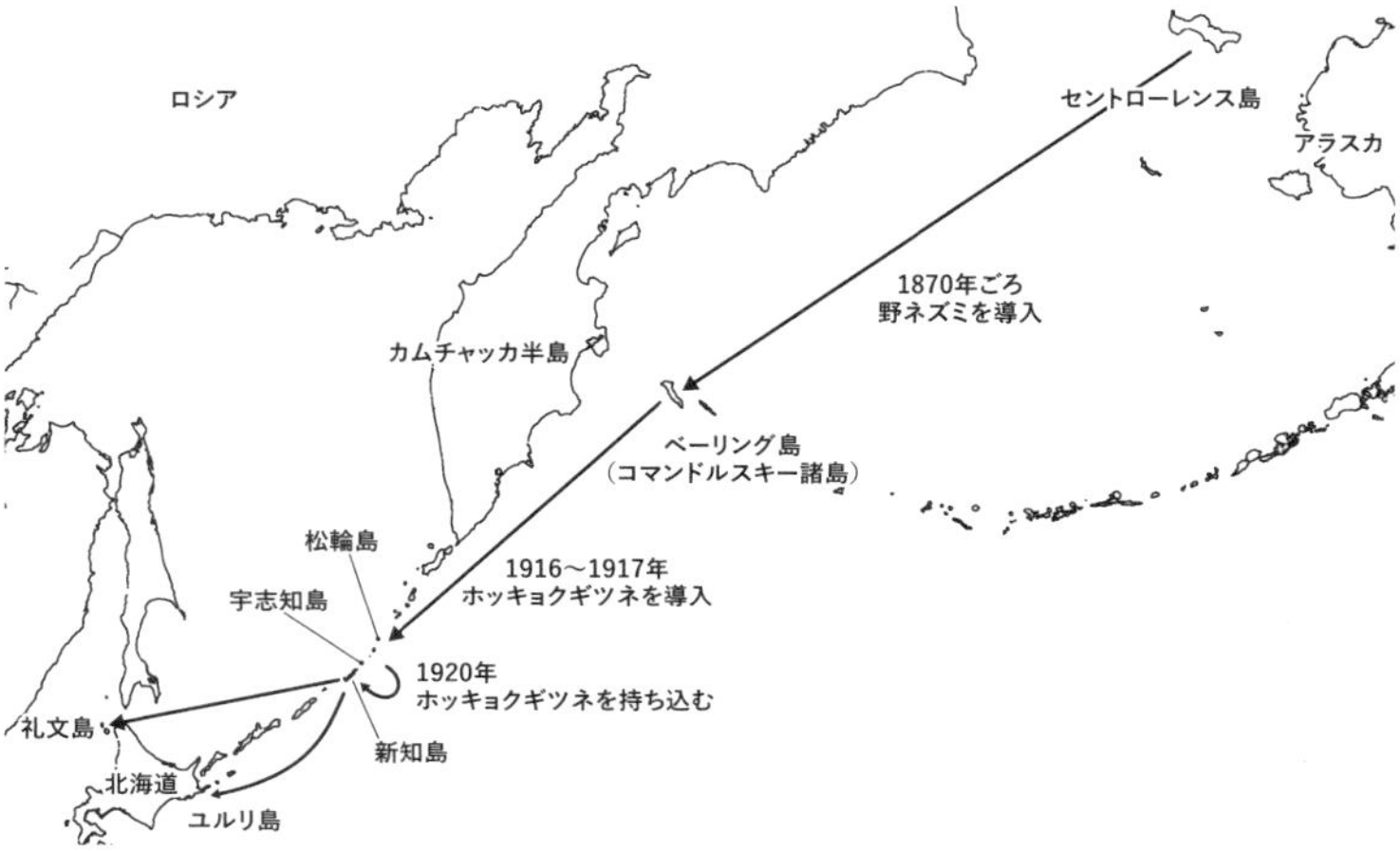

図5-5　北海道へのエキノコックスの侵入経路
（国土地理院地図を改変）

新知島には、いわゆる普通のキツネ（本州や北海道と同じアカギツネ）が暮らしており、持ち込まれたホッキョクギツネと一緒に放し飼いにされました。おそらく、持ち込まれたホッキョクギツネに寄生していたエキノコックスの卵が島にばらまかれ、その卵を島に暮らす野ネズミが飲み込み、さらにその野ネズミを一緒にいたアカギツネが食べたのでしょう。こうして、新知島で暮らすアカギツネたちもエキノコックスに感染するようになったのです。

礼文島での流行

日本で最初にエキノコックス症にかかった人が確認されたのは、北海道の北にある礼文島《れぶん》でのことでした。この島も、もともとエキノコックスは住んでいませんでした。ところが、今から100年ほど前の1924年に、林を荒らす野ネズミを退治するため、島の人がキツネを持ち込んで放しました。

このキツネたちこそが、先にお話しした千島列島の新知島から運ばれてきたキツネたちだったのです。そして、このキツネたちに寄生していたエキノコックスが島に卵をばらまき、その卵を飲み込んだ島の野ネズミに寄生し、それを食べたキツネの子孫たちの間でもさらにエキノコックスが寄生する……といった具合に、エキノコックスが増えていったのでしょう。しまいには、キツネだけでなく、島で暮らすイヌやネコにもエキノコックスが寄生するようになりました。その結果、島で暮らす人たちが、終宿主のフンとともに野外へまきちらされたエキノコックスの卵を飲み込んでしまい、エキノコックス症にかかってしまったと考えられます。とても不幸なできごとでした。

礼文島では、１９３６年にエキノコックス症にかかった人[※1]が初めて確認されてから、１９９２年まで、患者の数は１３１人にまで増えてしまいました。けれども、こうした不幸な病気の広がりは、終宿主となるキツネや野犬などの駆除を島の人たちがねばり強く行うことや、エキノコックスの卵を誤って飲み込むことのないように、水道水を整備するなどの努力により、完全になくなりました。現在の礼文島はエキノコックスの心配のない、安全で美しい観光地になっています。

流氷に乗って北海道本土へ

礼文島ではエキノコックス症をなくすことに成功しましたが、北海道のそれ以外の地域では、エキノコックスが広がってしまい、この病気をなくすことができていません。なぜ北海道でエキノコックスが広がり、この病気をなくすことができていないのでしょうか。

北海道の本土で最初にエキノコックス症にかかった人が確認されたのは、１９６５年のことで、道東の根室市で暮らす方でした。その翌年には、同じく根室市に暮らす７歳の児童がこの病気にかかっていることがわかりました。最初の患者の2人ともが、エキノコックスのいる地域へ行ったことはなく、さらに住んでいた根室市以外には行ったことのない子どもが病気になったことから、住んでいる場所の近くで感染したに違いないと考えられました。そこで、エキノコックスの宿主となるキツネ、イヌ、野ネズミを調べたところ、いずれの動物もエキノコックスに寄生されていることがわかりました。終宿主と中間宿主のどちらもが同じ場所で見つかったので、北海道の東の方にエキノコックスがいることが確実になったのです。

北海道の東の方へ、どのようにしてエキノコックスがやってきたのか、さまざまな検討がなされました。すると、根室半島の約3km沖にあるユルリ島[※2]で、千島列島から運ばれてきたキツネが飼われていたこと、また、そこから逃げ出したキツネが流氷に乗って根室半島のノサップ岬へ渡ってきたことがわかりました。地元の人の話では、一夜にしてすべてのキツネがユルリ島から消え去ってしまったとのことです。おそらく、ユルリ島で飼われていたキツネの中に、千島列島でエキノコックスに寄生された個体が含まれていたのでしょう。なお、昔からその地域で暮らしていた人たちは、消えたキツネたちと同じように、流氷に乗って根室半島からその先の島々へと行き来していたといいます。

ユルリ島から根室半島へキツネが渡ってきたのは、キツネ自身の自然な行動の結果です（**図5-6**）。けれども、そうしたキツネがユルリ島にやってきたのは、毛皮をとるために人間がキツネを島までもってきたためでした。そして、それらのキツネがエキノコックスをもっていたのも、もとを正せば、エキノコックスに寄生された動物たちを人が移動させたためだったのです。つまり、エキノコックスが北海道に広がってしまったのは、人間自身の手によりもたらされた災いが原因だったといえるでしょう。

キツネと人で感染が拡大

北海道の東はしにやってきたエキノコックスは、その後、全道各地へと広がっていきました。１９８２年には、それまでエキノコックスはいないと思われていた地区で、ブタから確認されました。その発見から、エキノコックスを探す範囲を広げたところ、北海道の南の方でもエキノコックスが確認され、北海道のその他の地域でも、さまざまな宿主からエキノコックスの発見報告が相次ぐようになりました。そして、１９９３年には北海道のほぼ全域、全市町村の９割ほどでエキノコックスが確認されるようになってしまいました。

図5-6　流氷の上を移動するキツネ
（提供：知床世界遺産センター）

キツネがエキノコックスに感染している割合も、エキノコックスが確認される場所が広がるとともに高くなっていきました。北海道で、キツネからエキノコックスが最初に確認されたのは1966年ですが、その年に調べられたキツネ66頭のうち、エキノコックスに感染していたのは8頭のみでした。割合にすると約12%なので、1割をすこしこえるぐらいです（**図5-7**）。その後20年ぐらいは、20%をこえる年も2年ほどありましたが、平均すると11%の感染率で推移し、1986年には、1488頭のキツネを調べて249頭のキツネでエキノコックスの感染が確認されました。約17%で、ちょっとの増加です。ところが、そ

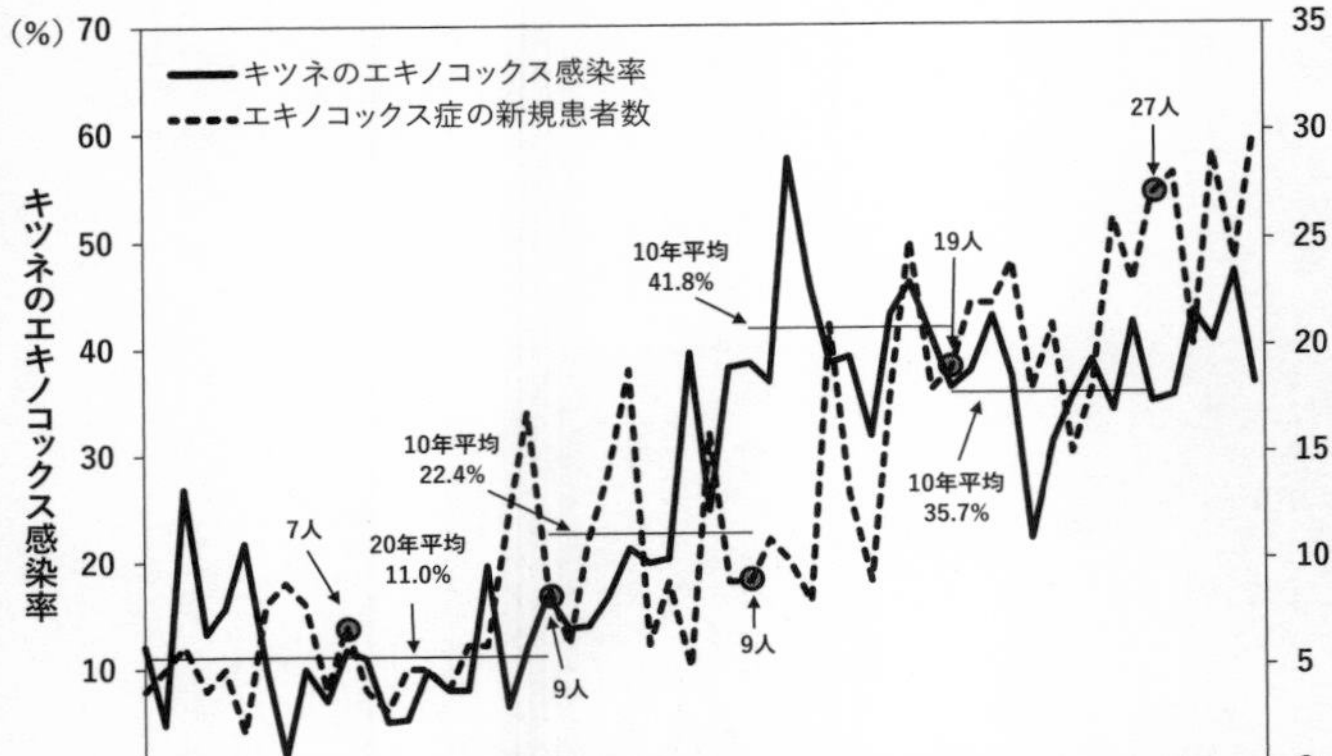

図5-7　キツネのエキノコックス感染率および人の新規患者数
（北海道「北海道におけるエキノコックス症対策の経緯」、北海道感染症情報センター「エキノコックス症（データ）」、北海道保健福祉部健康安全局食品衛生課「食品・生活衛生行政概要」より作成）

の10年後の１９９６年には、調べた４３９頭のうち１６９頭のキツネがエキノコックスに感染しており、その割合は約38％と急増して、10年間の平均も22・４％と倍以上に高くなりました。その後も10年ごとの平均感染率は41・８％、35・７％となり、高い感染率が続いています。２０２１年の最新のデータによると、調べた３９６頭のキツネのうち、１４５頭が感染しており、感染率は約37％となっています。現在では、北海道に住んでいるキツネの４割近くがエキノコックスに感染していると考えてよいでしょう。

エキノコックス症にかかった人の数の変化についても見てみましょう。北海道の本土で最初に患者が確認されたのは１９６５年ですが、その翌年までにエキノコックスにかかった患者は４人だけでした。このように新たに患者となった数を１９７６年、１９８６年、１９９６年、２００６年、２０１６年と、10年ごとに見てみると、それぞれ、７人、９人、９人、19人、27人です。最近になって増えていることがわかります。最新の２０２１年では、30人の新たな患者が確認されています。人がエキノコックスの卵を飲み込んでしまってから、具合が悪くなるまでに５～10年ほどの時間がかかることを考えると、こうした患者さんが増えているのは、エキノコックスに感染したキツネが増えていることとも関係していると考えられます。

※１　当時小樽市に在住していた礼文島出身者。
※２　ユルリ島は１９７１年より無人島となっている。

3

エキノコックス対策と成果

駆除からはじまった対策

人間が動物たちを移動させたことで広がってしまったエキノコックス症ですが、この病気に人がかかってしまう原因のひとつは、エキノコックスに寄生されたキツネがその卵を野外にばらまいてしまうことです。そのため、エキノコックスをすこしでも減らすために取り組まれた対策は、病気の原因となるキツネや野犬を減らすことでした。人間がやってくる前から北海道で暮らしていたキツネにとっては迷惑な話です。この取り組みが行われた1970〜1987年には、キツネを獲った猟師に報奨金が支払われました。※1
このようにして、北海道で人間に殺されるキツネの数は増えていくようになります。エキノコックス症が確認される前の1964年には、北海道全体で殺されたキツネの数は665頭でした。その5年後の1969年にはこの数が1489頭と、1000頭をこえるようになり、10年後の1974年には4965頭、20年後の1984年には1万955頭と、1万頭をこえるまでに増えました。しかし、キツネをたくさん殺してもキツネの生息数が減ることはありませんでした。しかも、エキノコックスに感染したキツネの割合の方は増えてしまい、エキノコックスに感染したキツネが生息する場所も、北海道の東側だけだったものが、全道にまで広がってしまいました。エキノコックスを減らすためにキツネの数を減らそうとした取り組みは失敗に終わったのです。１９８７年には、キツネを獲った猟師に報奨金を払うのもやめることになりました。

対策がうまくいかなかった背景

なぜこの取り組みは失敗したのでしょうか。はっきりとしたことはわかりませんが、キツネを減らそうとたくさんキツネを殺しても、子どもを産んで増えていくキツネの数の方が多かったことが原因のひとつでしょう。キツネは子だくさんで、平均すると毎年4頭もの子どもが1家族から生まれてきます。全部の子どもが育つと、翌年には3倍に数が増えます。最初に２頭の夫婦のキツネからはじまったとしても、産んだ子どもがみんなおとなになって子どもを産むとすると、10年後にはおよそ4万頭（2万倍！）にまで増えることになります。こんな増え方をする動物を減らすのは、そもそも簡単なことではなかったのです。

さらに、エキノコックスが広がってしまったのは、キツネを殺すことで、キツネたちが移住しやすいようにしてしまったためとも考えられます。第４章でも触れましたが、キツネの子どもたちは秋になると親もとを離れて大きく移動し、自分が繁殖できる場所を求めてさまよいます。こうした子どもたちの多くは、住み場所を見つけられずに死んでしまいます。ところが、元からいたキツネが人間によって殺されたので、その空いたなわばりに、他の場所からやってきたキツネが入れ替わりで暮らせるようになったのです。そうやって移動してきたキツネがエキノコックスに感染していた場合、新たな場所でエキノコックスの卵をフンとともにばらまくことでしょう。すると、そこで暮らす野ネズミもエキノコックスに感染してしまいます。このようにして、新たなエキノコックスの汚染場所が、思わぬスピードで広がっていった可能性があります。

虫下し作戦の開始

およそ10頭に4頭の割合でエキノコックスに感染するようになったキツネたちを前にして、私たち人間がとれる対策はなにもないのでしょうか。１９９０年代の後半に、ヨーロッパである画期的な試みがエキノコックス症対策として取り組まれていました。それは、野生のキツネに薬を飲ませて、エキノコックスに感染したキツネを減らそうというものでした。この対策は、もともとはエキノコックス以上にやっかいな病気、狂犬病を減らすために取り組まれたものをまねてはじめられたものです。

狂犬病は、かかった動物を確実に殺してしまう、とても恐ろしい病気です。ヨーロッパでは、キツネが狂犬病を広げてしまう主な野生動物となっていました。ですから、キツネを減らして狂犬病を防ごうとしたのです。しかし、キツネの増えるスピードが速く、十分に減らすことは難しかったため、逆に狂犬病を広げたり、長引かせることになってしまいました。北海道のエキノコックスで起きたことと似ていますよね……。そこで考えられたのが、キツネの狂犬病の発症を防ぎ、キツネの間で狂犬病が広がらないようにする対策でした。

2020年以降、世界中で新型コロナウイルス感染症が広がって問題となりました。この対策のため、病気にすこしでもかからなくなるよう、ワクチンを注射された方も多いと思います。この〝ワクチン〟をキツネにも応用したのです。キツネは野生動物なので、捕まえて注射を打つわけにはいきません。そこで、ワクチンの成分を含む食べものを野外にばらまき、それをキツネに食べさせることにしました。キツネがちゃんと食べてくれるように、キツネの好むエサを調べて工夫も重ねました。その結果、キツネがうまく食べてくれるワクチン入りのエサをつくることに成功し、それを食べたキツネが増えることで、キツネの狂犬病はだんだんと減っていったのです。

この狂犬病を防ぐためのエサに含めるワクチンを、エキノコックスに効く薬に変えれば、エキノコックスを防ぐことにも使えるはずです。人間のエキノコックス症に効く薬は今でもありませんが、キツネに寄生するエキノコックスの成虫によく効く薬はありました。そこで、実際に野外のキツネにこの薬入りのエサをばらまいて食べさせる実験がドイツで行われました。その結果、エキノコックスに感染したキツネの割合を減らすことに成功したのです。

こうした海外の情報を知った1990年代の終わりごろ、駆け出しのキツネ研究者だった筆者は、北海道でも薬入りのキツネ用のエサをまいてみたいと思いました。そこで、厚生労働省から研究費をいただき、キツネの好む魚肉ソーセージにエキノコックスに効く虫下《むしくだ》しの薬をまぜて、野外のキツネに食べさせてみることにしたのです。

この実験を成功させるには、薬入りのエサを確実にキツネに食べてもらうことと、それを確認することが重要となります。幸いにも、キツネを捕まえて発信器をつける研究をした経験があったため、キツネをおびき寄せて確実にエサを食べさせる方法には自信がありました。また、野外のキツネがエサを食べたかどうかを確認するために、穴を掘ってその中にエサを置き、穴の入り口の土をやわらかくしておくことで足跡が残るようにしました。こうすることで、足跡からキツネがエサを食べにきたことがわかるわけです（**図5-8**）。

さらにもう1つ、この虫下し作戦を成功させるのに重要なポイントがありました。それは、キツネがエキノコックスに感染しているかを確認することです。エキノコックスに感染したキツネが、虫下し入りのエサを食べることで感染しなくなったかを確認しないと、作戦がうまくいったかどうか判断できません。筆者は、この点についても、有効な方法に心当たりがありました。キツネのフンの中から、エキノコックスがひそむ手がかりを見つけ出し、キツネがエキノコックスに感染しているかどうかを確かめる検査法が開発されていたのです。この方法は、筆者が当時所属していた大学の研究室が得意としており、すでに野外で拾ったキツネのフンでもエキノコックスの感染を確認できることがわかっていました。

後はどこで実験を行うかです。幸運なことに、筆者のいた研究室はキツネの生態にくわしい竹田津実さんと長年の付き合いがあり、竹田津さんの調査地である小清水町を実験の場として使わせていただくことができました。第1章でも紹介した映画『キタキツネ物語』の舞台となった場所です。この調査地では、竹田津さんのおかげでキツネの家族がどこに住んでいるかを事前にくわしく知ることができました。こうした情報は、自分たちで準備できる限られた数の薬入りのエサを、確実に野生のキツネたちに食べさせるのに役立

図5-8　やわらかくした土とキツネの足跡（矢印）
（撮影：筆者）

ちます。キツネの家族ごとに、エサをまく場所を巣穴とそのまわりの数ヵ所にしぼり込みました。こうして実験をするための準備がととのい、後は実際に試してみるだけとなりました。

虫下し作戦の成功

実験は1999年の4月に開始しました。まず、およそ200㎢もの広い調査地を、川を境に2つに分けます。その片方にだけ薬入りのエサをまき、もう片方にはエサをまかないようにします。そして、両方の場所でキツネのフンを拾って、キツネがエキノコックスに感染しているかどうかを調べます。こうすることで、薬入りのエサをまいた効果を確かめることができるわけです。

そうして、薬入りのエサをまくことと、キツネのフンを拾うことを1ヵ月おきに繰り返しました（**図5-9**）。薬の効果は、ワクチンとは違って長持ちしません。薬を飲んだキツネに寄生しているエキノコックスは死んでしまうのですが、そのキツネがエキノコックスに感染した野ネズミを食べると、ふたたびエキノコックスに寄生されてしまいます。ただし、寄生したエキノコックスが成長して卵を産むようになるには1ヵ月ほどかかります。つまり、この1ヵ月の間に薬を飲ませることができれば、キツネが野外にエキノコックスの卵をばらまくことが防げるはずなのです。そのため、1ヵ月おきに薬をまき続けることがとても大事でした。

実験を1年続けた結果、薬入りのエサをまいた場所では、まかなかった場所よりもキツネがエキノコックスに感染する割合が低くなっていました。さらに、キツネだけでなく、野ネズミを捕まえてエキノコックスに感染している割合を調べたところ、こちらでもエサをまいた場所では、まかなかった場所よりも割合が低くなっていました。実験は成功したのです！　薬入りのエサを野生のキツネに食べさせれば、キツネのエキノコックス感染率を減らせること、さらには、人間と同じ立場の中間宿主となるネズミでも、エキノコックスに感染する危険性を減らすことができることが明らかとなりました。

ただし、課題も残りました。1年もの間、薬入りのエサをまき続けたにもかかわらず、

図5-9
子ギツネが虫下し入りのエサを食べている様子
（提供：濱崎今日子氏）

キツネのエキノコックス感染はゼロにはならなかったのです。筆者がこの実験に関わったのは最初の1年ほどだけでしたが、その後も小清水町では、大学の研究室によって薬入りのエサをまく努力が続けられました。さすがに1ヵ月ごとにエサをまくのは大変なので、その回数を減らしたりしながら3年間ほど実験が続けられました。それでもキツネのエキノコックス感染は、ゼロにはなりません。実験がはじまって3年目以降は、地域住民の方が主体となってこの取り組みを続けていくことになりました。そして、実験がはじまってから6年後の2006年になってようやく、キツネのフンからエキノコックスが確認されなくなりました。エキノコックス感染ゼロが達成されたのです。

この小清水町での実験成功をきっかけに、根室市や小樽市などで、虫下し薬をまぜたエサをまく取り組みがはじまり、また、キツネのエキノコックス感染率を下げることに成功した事例が次々と報告されるようになりました。2007年には、こうした取り組みの成果が『キツネの駆虫に関するガイドライン』として北海道によって取りまとめられ、正式なエキノコックス対策のひとつとして位置付けられるようにもなったのです。

直近の成果としては、2018年に札幌市の町中での虫下しの作戦が成功しました。札幌市の中心、札幌駅の北側には北海道大学のキャンパスが広がっていますが、そこには1992年以来、キツネが住みつくようになっています。このキツネもエキノコックスに感染していました。そこで、北海道立衛生研究所と北海道大学のグループが協力し、薬入りのエサを大学構内にまく取り組みが２０１４年にはじまりました。最初は夏から秋にかけて毎月薬をまいていったのですが、キツネのエキノコックス感染はなかなかゼロになりません。取り組みをはじめてから４年目以降は、夏から秋だけでなく、１年を通して毎月まくことにしました。その結果、５年目にしてようやくエキノコックスの感染をほぼゼロにすることができました。時間とお金はかかりますが、地道に虫下し作戦を続けていけば、キツネのエキノコックス感染をなくし、この病気を恐れないで暮らすことが可能になるといえるでしょう。

※１　１頭につき６０００円の報奨金が支払われ、年間１０００頭の捕獲が目指された。

4

新たな心配

本州でも広がる？

人間が動物を移動させたことで、北海道で広がってしまったエキノコックスですが、本州への拡大も心配されています。例えば1999年には、青森県で飼育されていたブタからエキノコックスが確認されました。ブタは生まれた場所で育てられるため、その場所でエキノコックスに感染した可能性が高いと考えられます。北海道内でのエキノコックスの分布が思った以上に広がっていることに気づくことができたのも、ブタでの感染の発見のおかげでした。そのような背景から、青森県のブタを飼育していた場所の近くでは、終宿主となるキツネやイヌが感染していないかが念入りに調べられました。けれども今までのところ、ブタ以外からは見つかっていません。

さらに2005年には、埼玉県に生息する野犬からエキノコックスが確認されました。このエキノコックスを調べてみると、遺伝子の配列が北海道のエキノコックスと同じだったため、北海道から持ち込まれたものだと考えられています。野犬なので、どのように埼玉県で暮らすようになったのかはわかりませんが、もともとは北海道で暮らし、そこでエキノコックスに感染して、埼玉県へ連れて来られたのではないでしょうか。その後、放されて野犬になったものと思われます。他にも、2010年には山形県で飼育されていたウマ、2011年には静岡県の浜松市動物園のサル[※1]でエキノコックスの感染が確認されています。また2015年には、福岡県で飼育されていたウマでも感染が確認されました。これらの動物たちも、北海道で感染した後に、本州へと移動された可能性が高いと考えられています。

知多半島の野犬での発生と定着

愛知県の知多半島にある阿久比町《あぐいちょう》でも、2014年に野犬からエキノコックスが確認されました。確認されたエキノコックスの遺伝子を調べてみると、北海道のものと同じだったので、北海道から持ち込まれたイヌが野犬になったことが、まずは疑われました。しかし、調査を進めるうちに予想とは違ったことが明らかになっていきます。この地域には野犬が数多く住んでいるのですが、捕まえた野犬を調べていくと、次々にエキノコックスの感染が確認されたのです。2015年には阿久比町のとなりの常滑市《とこなめし》で、2017年にはやはりとなりの半田市と、知多半島の先の方にある南知多町で、2018年には阿久比町と常滑市に接する知多市と、知多半島の先の方の美浜町で、さらに2020年には常滑市、半田市ととなり合う武豊町でも確認されました（**図5-10**）。ここまで多くの野犬がエキノコックスに感染しているとなると、北海道のように、エキノコックスに感染した中間宿主を食べて感染したのだと考えるのが自然です。２０２１年には、感染症に関する国の研究機関である国立感染症研究所が、知多半島でエキノコックスが定着したとする報告を発表しました。

今のところ、知多半島に生息する野犬がどんな動物を食べてエキノコックスに感染したのかはわかっていません。また、知多半島には、野犬の他にキツネも暮らしているのですが、幸いなことに、キツネではエキノコックスの感染は確認されていません。もし北海道と同じように、野ネズミのなかまがエキノコックスの中間宿主になっているのであれ

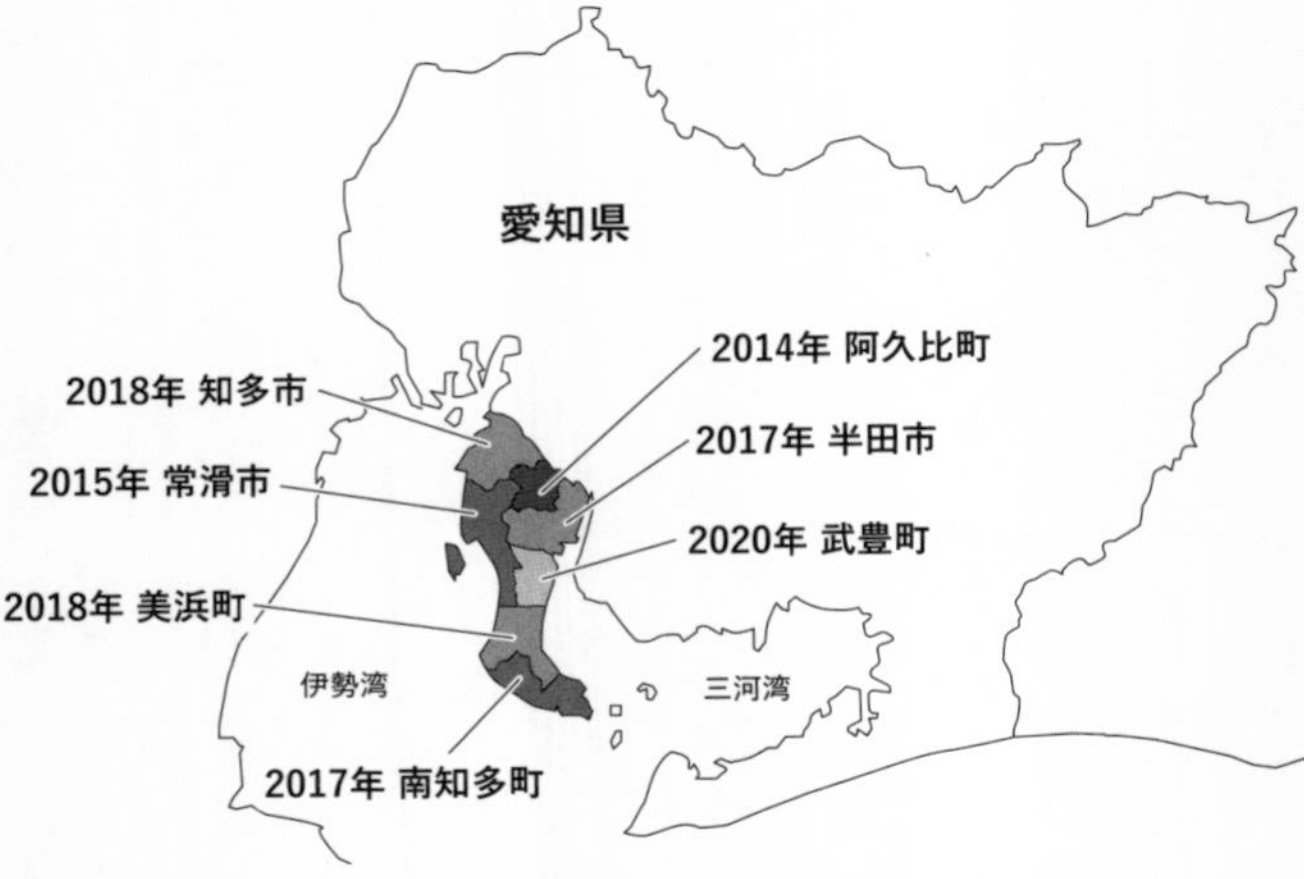

図5-10　愛知県知多半島でのエキノコックス感染の広がり

ば、野犬よりも野ネズミを食べる機会の多いキツネも、エキノコックスに感染する可能性は高いはずなのですが……。知多半島でのエキノコックスの暮らしは謎に包まれたままです。

知多半島のエキノコックスの謎

知多半島のエキノコックスについては、筆者もすこしだけ調査に関わりました。次々に野犬のエキノコックス感染が確認されたことを受けて、知多半島のキツネがエキノコックスに感染していないかが気になったからです。

まずは、国立感染症研究所に勤め、野犬のエキノコックスを調べていた森嶋康之《もりしまやすゆき》さんの調査を手伝って野犬のフンを拾いました（**図5－11**）。森嶋さんは、北海道の小清水町でキツネに虫下し入りのエサをまく実験を、筆者と一緒に実施したなかまです。また、知多半島の野犬のフンの中からエキノコックスの卵が出てきたのを初めて報告した人たちのうちのひとりです。

森嶋さんと一緒に野犬のフン拾いをしていると、ほぼ同じ場所でキツネのフンも拾うことができました（**図5－12**）。どうやら、キツネと野犬とは同じような場所で暮らしているようです。ただし、拾ったキツネのフンからは、エキノコックスの卵は確認できませんでした。

野犬とキツネが暮らす場所がどれくらい重なっているのかも気になるところです。そこで、知多半島全域でフン拾いをしてみることにしました。半島全域を１辺４㎞の四角い範囲に区切り、その枠のうち、野犬やキツネが住んでいそうな場所を選んで、フンを探していったのです。すると、調べてみた計28範囲のうち、野犬は12範囲でフンが拾えたのに対し、キツネは23範囲でフンが見つかりました。キツネの方が野犬よりもたくさんの場所で暮らしていることがわかりました。さらに、野犬とキツネのフンがどちらも拾えた範囲は10もあり、野犬を確認した場所の8割以上でキツネも暮らしていることがわかりました。野犬がいれば、そのまわりにキツネも暮らしているといえそうです。

　さらに、拾ったフンの中身を調べて野犬とキツネがなにを食べているかを探ってみました。すると、野犬は野菜と思われる植物とともに、ウシのエサや果物をよく食べ

図5-11　愛知県知多半島での調査の様子
野犬やキツネが住んでいそうな場所を歩いてフンを探す。（撮影：筆者）

図5-12　調査で見つかったキツネのフン
（撮影：筆者）

ていることがわかりました。一方、キツネの方は、野菜と思われる植物とともに果物や昆虫、野ネズミなどを食べていました。イヌやキツネがエキノコックスに感染するには、中間宿主となっている動物を食べることが必要です。キツネは野ネズミを食べていたので、エキノコックスに感染する可能性も高いはずなのですが、実際にエキノコックスに感染している野犬の方は野ネズミを食べていませんでした。では、野犬がどのようにしてエキノコックスに感染しているのか……。謎は深まるばかりです。

北海道では、キツネに虫下し入りのエサを食べさせることで、エキノコックスの感染を減らすことに成功しています。新たにエキノコックスの流行地域になってしまった知多半島でも、同じような取り組みを野犬に対しても行うことができるはずです。キツネにまでエキノコックスの感染が広がってしまう前に、同様の取り組みが知多半島でも早く実施されることを期待したいものです。[※2]

※１　２０１１年に浜松市動物園で、札幌市円山動物園から貸し出されたダイアナモンキーのエキノコックス感染が確認された。
※２　国立感染症研究所では２０２３年１月より、知多半島地域の一部において、虫下し入りのエサを野犬に食べさせる実験を開始した。

コラム7

エキノコックスにかかっているかを調べるには？

エキノコックスは恐ろしい病気です。人の場合、この病気にかかっているかは、まず血を採って調べます。エキノコックスにかかると、人の体はエキノコックスに対して攻撃をしかけます。その際、攻撃先を自分自身の体と区別するために抗体がつくられます。この抗体が血の中にあるかどうかで、エキノコックスにかかったことがあるかどうかがわかるのです。

けれども、エキノコックスの抗体が血の中にあるからといって、今もエキノコックスにかかっているとは限りません。エキノコックスの卵が体内へ入って幼虫がかえったとしても、そのまま大きくならずに死んでしまったかもしれないからです。この場合でも血の中には抗体が残っています。そのため、抗体が血の中から見つかった場合は、超音波検査やCT画像検査などで体の中にエキノコックスがいるかどうかを探すことになります。これらの検査でエキノコックスが見つかれば、エキノコックスにかかっていると診断されます。

では、キツネの場合はどのように調べるのでしょうか。キツネは野生動物ですので、血を採って調べることは困難です。ひとつは、かわいそうですが、殺したキツネの体から腸を取り出し、その中にエキノコックスがいるかどうかを調べます。これが最も確実な方法なので、北海道では、実際にこの方法を用いてキツネのエキノコックス感染率が調べられています。

キツネを殺さない方法もあります。それは、キツネのフンを拾ってきて、その中からエキノコックスの代謝物（抗原）や卵などを見つける方法です。

代謝物を見つけるには、ＥＬＩＳＡ法といって、人の血からエキノコックスの抗体を見つけるのとほぼ同じやり方で行います。人では、エキノコックスに引っ付く抗体の方を探しましたが、キツネでは逆に、抗体を使ってエキノコックスの代謝物を引っ付けて見つけ出します。

一方で、エキノコックスの卵を見つけるには、まずフンの中にある寄生虫などの卵を集めます。そのために、フンに特殊な液体をまぜて卵を浮かせたり、沈ませたりします。この時点では、この卵がエキノコックスのものなのか、はたまた別の寄生虫などのものなのかはわかりません。そこで、こうして集めた卵の中からＰＣＲ法で遺伝子を増やして、エキノコックスの遺伝子が含まれているかを確認し、判定します。

第6章

現代のキツネと人

1 害獣としてのキツネ

最後の章では、現代におけるキツネと人との関係を、農作物への被害や交通事故、餌付けなどに注目して見ていくとともに、キツネと人のこれからについて考えていきましょう。

さて、キツネは人の近くで暮らす身近な野生動物です。しかし、その身近さゆえに、人にいろいろ悪さをする存在にもなってしまいます。

ニワトリはご用心

第1章で紹介した『狐物語』にも出てきたように、キツネはニワトリを襲う害獣でもあります。卵や肉を生産している現代の日本の養鶏農家は、野生の鳥や動物が運んでくる鳥インフルエンザなどの病気を防ぐため、これらの野生動物が入れないような建物の中で注意深くニワトリを育てています。そのため、キツネが建物にしのび込んでニワトリを襲うケースはほとんどありません。けれども、ニワトリを屋外で放し飼いにして育てている（放牧）農家にとっては、キツネは今でもニワトリを襲ってしまうやっかいな存在です。

また、アイガモ農法[※1]に取り組んでいる農家でも、放したアイガモがキツネに食べられてしまう被害が発生しています。キツネは、たくみな方法で鳥類を捕まえることができますが、その高い能力が農家の方が飼うアイガモにも使われてしまうのです。

ただし、キツネにとっても、農家からニワトリやアイガモを盗み出すのは命がけです。農家の方たちが自分の飼っている鳥たちを守るために、キツネを捕まえるワナをしかけたりするからです。こうしたワナにかかったキツネは殺されてしまいます。しかし、そんな危険をおかしてまでも、キツネがニワトリなどを襲うのには理由があります。それは第3章でも触れましたが、子どもたちを育てるためにたくさんのエサを必要とするからです。**図6-1**は、北海道で

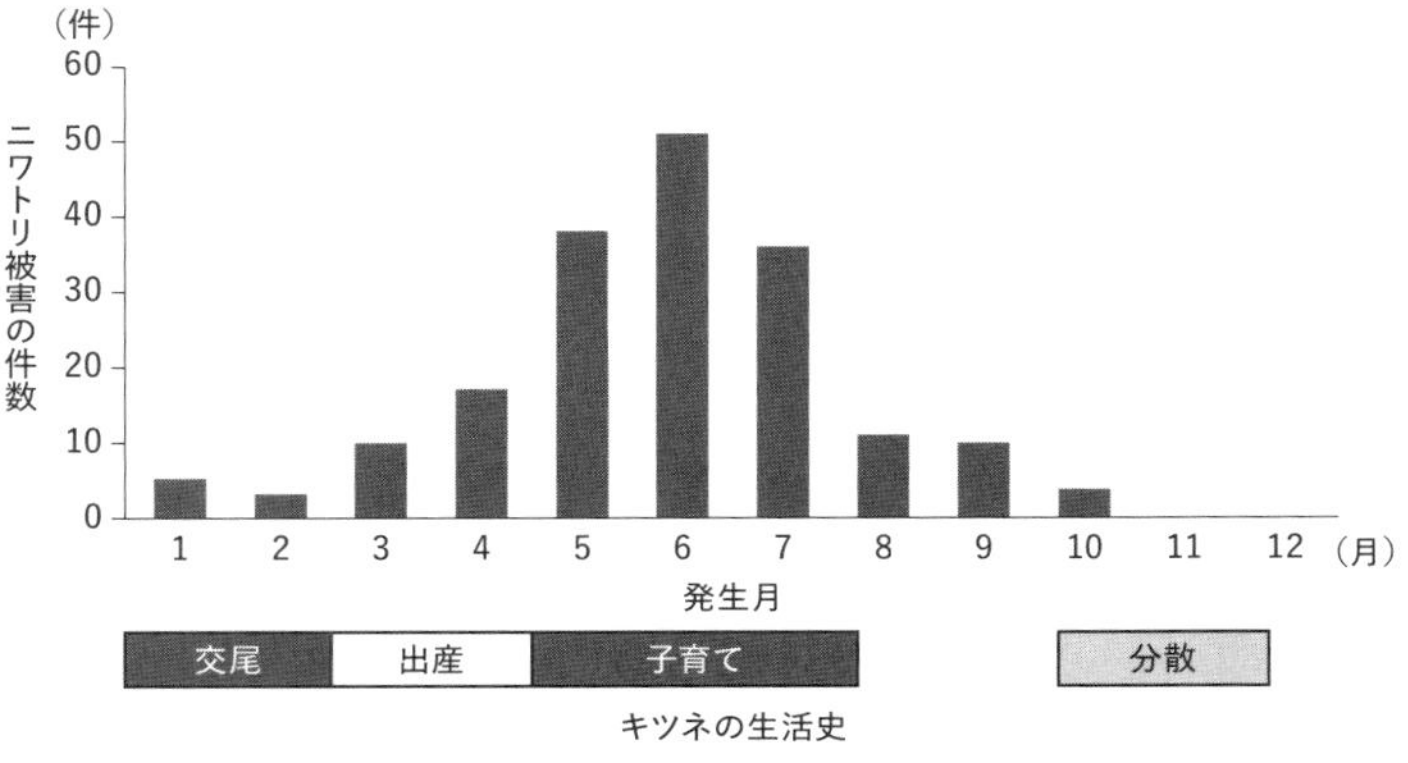

図6-1　キツネの生活史とニワトリ被害の発生時期
[北海道生活環境部自然保護課（1987）より作成]

キツネによるニワトリ被害が発生した件数を月ごとにまとめて、キツネの生活と対応させて示したものです。これを見ると、ニワトリ被害の発生数は、子育て時期にあたる5～7月にかけて集中していることがわかります。私たちがキツネとうまく付き合っていくには、こうしたキツネの事情も理解した上で、大事なニワトリやアイガモがキツネに襲われない工夫をすることが必要でしょう。

ウシへの被害

キツネが被害を与える家畜はニワトリだけにとどまりません。キツネよりも体がずっと大きなウシも被害にあうことがあります。わずか4～5kgしかないキツネが、500kgをこえるウシを襲うなんてちょっと信じがたいかもしれません。さすがに、おとなのウシをキツネが噛み殺すなんてことはありませんが、出生直後の子ウシがキツネに殺される被害は発生しています。子ウシが母ウシから生まれてくるときに、母ウシの体からちょっとだけ出てきた子ウシの鼻や足の先をキツネがかじりとり、それが原因で子ウシが死んでしまうのです。また、母ウシの方でも、キツネに乳首をかじりとられてしまう被害が発生しています。こうした傷が原因となり、母ウシが死んでしまうことも起きているかもしれません。

なぜこのような被害が起きるのでしょうか。ひとつには、キツネがウシの飼育場所に出入りして、母ウシの乳房からこぼれた乳をなめとったり、出産後に母ウシが出す後産《あとざん》※2を食べたり、さらにはウシのエサとなる濃厚飼料などを盗み食いすることを、日ごろからしていたためと考えられます。こぼれた乳をなめることに慣れたキツネが、その出どころである母ウシの乳にかぶりついてしまうことが、母ウシの乳首をかじる被害のきっかけになっているのでしょう。また、子ウシをキツネがかじり殺す被害についても、もともとは後産を食べるために出入りしたキツネが、同じにおいがする子ウシにかじりついたのかもしれません。キツネによるこうしたウシへの被害を引き起こさないようにするには、日ごろから、ウシの飼育場所へキツネを近づけないようにすることが重要です。

トウモロコシ大好き

先ほど、キツネがウシの飼育場所へやってくる要因のひとつは、ウシのエサとなる濃厚飼料を食べるためだと紹介しました。草を食べるはずのウシのエサを、なぜ肉食動物であるキツネがわざわざ食べるのかと疑問に思った人もいるかもしれません。そのわけは、トウモロコシが濃厚飼料の中に含まれているからです。トウモロコシは、キツネの好物のひとつなのです。

キツネによる農作物への被害は、北海道を中心に報告されています。２０２1年度には、キツネによる農畜産物への被害は1億７０００万円にものぼりました。このうち、トウモロコシだけでの被害がどれくらいかは不明ですが、1980年代ごろのちょっと古い統計によると、キツネによる被害の半数以上がトウモロコシに対するものだったことが明らかにされています。

キツネは、トウモロコシが実り、そろそろ収穫を迎える時期になると、実の先の部分をすこしだけかじりとって食べていきます。丸ごと1本のトウモロコシをかじりとることはあまりありませんが、すこしでもかじられると、そのトウモロコシは商品として売れなくなります。それを何本にもわたって行うため、全体の被害としてはかなりの額になってしまうのです。トウモロコシを育てた農家の方にしてみると、とても腹立たしい被害を引き起こすといえます。

野菜や果実も被害に

キツネによるトウモロコシ以外の農作物被害は、テンサイやジャガイモなどの根菜類、メロン、スイカ、イチゴといった水気の多い果実や野菜などで起こることが多いようです。第2章でも紹介しましたが、キツネは肉食動物とはいえ、果実なども全体の2割ほどを占める重要なエサとして利用します。そのため、育てられている農作物は、キツネにとって簡単に得られるエサとして利用されてしまうのです。

こうしたキツネによる農作物被害は、特に北海道では見すごすことができない金額におよんでいます。そのため、キツネによる農作物被害をすこしでも減らすために、キツネを駆除する活動が行われています。**図6-2**は、キツネによる農業被害額と、キツネを駆除した数の変化を示したものです。これを見ると、キツネによる農作物被害が増えていくのにつれて、キツネを駆除する数も増えていることがわかります。身近な動物であるキツネが駆除されていくのは悲しいことです。なんとかならないものでしょうか。

キツネによる農作物の被害を防ぐ方法は、キツネを駆除することだけではありません。農作物のまわりをネットなどでおおい、キツネに食べられないようにすることも有効です。特に効果的なのが、キツネが触ると電気が流れて痛みを感じさせる電気柵です。こうした対策を実施し、さらに工夫していくことで、キツネと農家の人たちとの間のトラブル

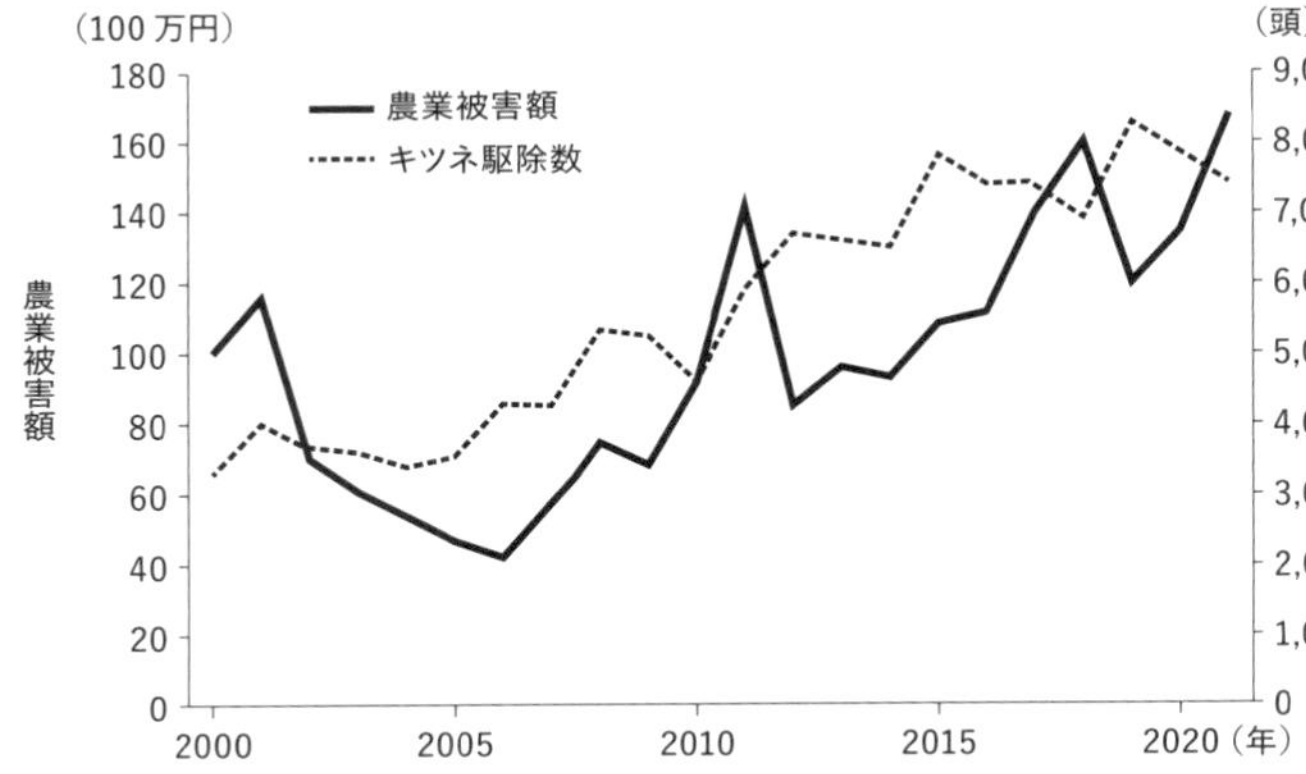

図6-2　北海道におけるキツネによる農業被害額とキツネ駆除数
被害額：北海道環境生活部環境局生物多様性保全課から提供
駆除数：北海道「鳥獣関係統計（北海道版）」、環境省「鳥獣関係統計」などから算出

とともに、有害な動物としてキツネが駆除されてしまう悲しい結果がすこしでも減ってほしいものです。

錯誤捕獲とは

北海道では、キツネは農畜産物被害をもたらす害獣として駆除の対象になっていますが、本州では、キツネによる農畜産物への被害はそれほど大きな問題にはなっていません。むしろ千葉県、東京都、神奈川県、大阪府、福岡県、長崎県、鹿児島県といった地域では、キツネの生息する場所が限られているため、絶滅のおそれのある動物としてレッドリスト[※3]に載っているほどです。これらの地域では、キツネの住める場所をこれ以上減らさないようにする取り組みが求められています。

現在、全国的にシカやイノシシによる農作物被害が大きな問題となっており、その対策のためにシカやイノシシの駆除が進められています。こうした駆除では一般的に銃が使われますが、それ以外にシカやイノシシの足に金属製のワイヤーをしかけて、動けなくするワナ（くくりワナ）が使用されます。一方、シカやイノシシ用のワナに他の動物がかかってしまうことがあり、これを「錯誤捕獲《さくごほかく》」といいます。そして、こうした錯誤捕獲がキツネでも発生していることが明らかになってきました（**図6-3**）。

シカやイノシシを捕まえるためのワナにかかったキツネは、ワナを外して逃がされることもありますが、農作物に被害を与える動物として駆除されてしまうこともあります。さらに、足にかかったワナを外せず、足がちぎれて３本足になってしまったキツネも確認されています。しかし、こうした錯誤捕獲がキツネでどれくらい発生しているのか、日本全体での実態は明らかになっていません。そうした中、長野県小諸《こもろ》市では、錯誤捕獲が実際にどれくらい起きているのかが、食肉目動物の研究者である福江佑子《ふくえゆうこ》さんらによって調べられました。その結果、２０１５～２０１８年度の４年間で、キツネが錯誤捕獲されたのは１８５件におよび、このうちの１６８件ではキツネが殺されていました。

罪もないキツネたちが誤って殺されていくのは悲しいことです。このような不幸な様子を明らかにするとともに、そうした事態をすこしでも減らしていくことが必要だと思います。

※１　田んぼにアイガモを放し、雑草や害虫などを食べさせる農法。
※２　母体内で胎子に酸素や栄養を届ける役割をしていた胎盤などが出てくること。また、その排出されたもの。
※３　絶滅のおそれのある種をリストとして示したもの。全国および、都道府県ごとのリストがまとめられている。

図6-3　くくりワナで錯誤捕獲されたキツネ
（撮影：筆者）

2

キツネと交通事故

キツネが不幸にも命を落とすことは、駆除や錯誤捕獲だけにとどまりません。交通事故でも、少なからぬ数のキツネたちが命を落としています。

北海道がワースト

人の豊かな暮らしを支えるため、私たちは道路をつくり、そこに車を走らせて、人と物を移動させてきました。その一方で、道路がのび、走る車の数が増えてくると、車にぶつかって命を落とす動物が出てきます。道路で動物が車にひかれて死亡することを「ロードキル」といいますが、こうしたロードキルはキツネでも数多く発生しています（**図6-4**）。

全国的にキツネのロードキル数が最も多いのが北海道です。全国の国道や高速道路などで発生したロードキルを集計すると、野生動物で圧倒的に多いのはタヌキなのですが、北海道においてはキツネがその数を上回っています。例えば、帯広畜産大学の柳川久《やながわひさし》さんたちのグループ

図6-4　キツネのロードキル
（提供：竹下 毅氏）

が調べた研究によると、北海道の十勝地方[※1]では、２００９～２０２０年度までの12年間で、タヌキのロードキル数が６１６頭だったのに対し、キツネはその倍以上の１４３８頭でした。さらに、キツネのロードキルは開けた平野部と森林との境目のあたりでよく起きること、それが起きる時期は、子ギツネが育っていき、親からひとり立ちしていくまでの７～10月に多いことが明らかにされています（**図６－５**）。現代のキツネたちが子育てをして暮らす環境は、私たちと同じように交通事故にあう危険にさらされているといえます。

なぜキツネがロードキルにあうのか

キツネはなぜ道路で車にひかれてしまうのでしょうか。あたり前のことに聞こえるかもしれ

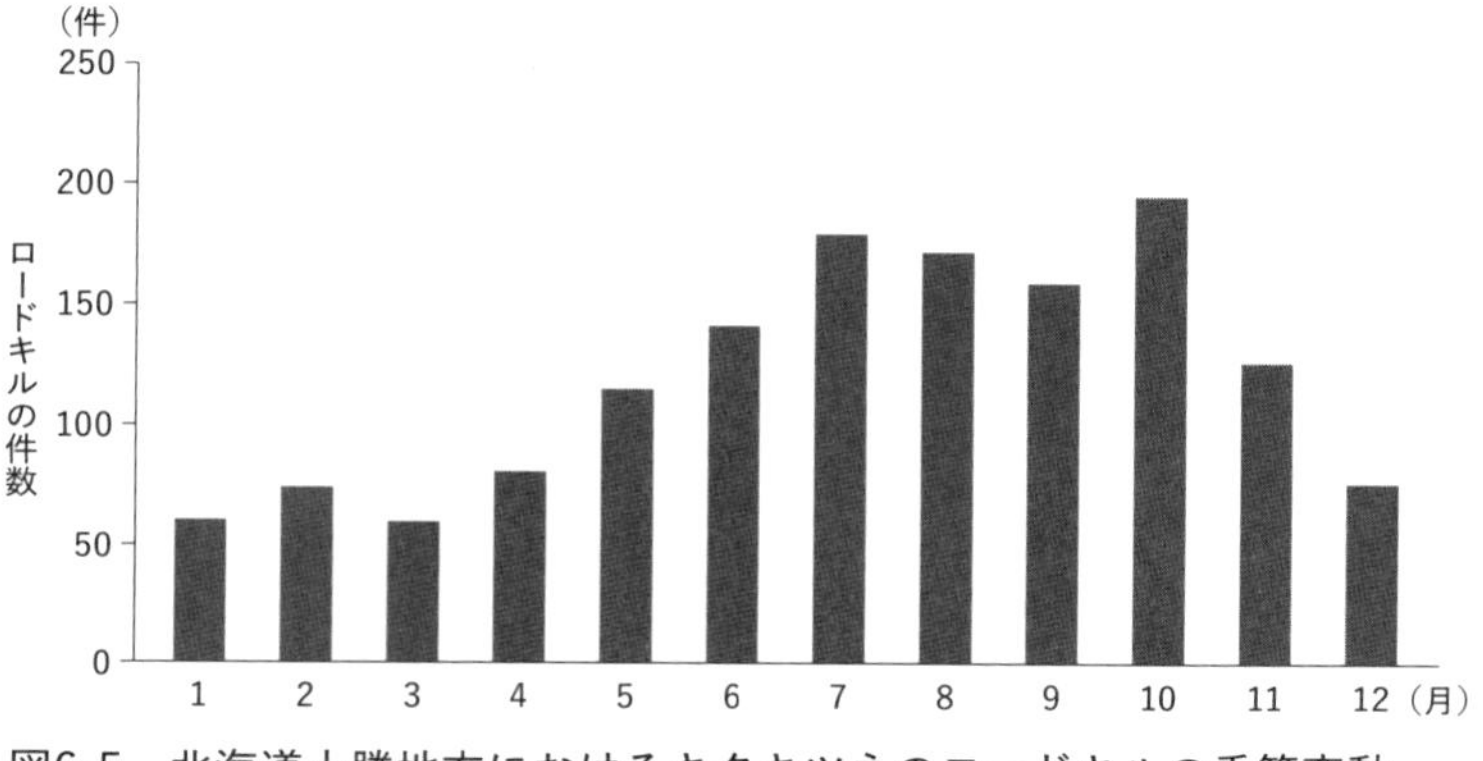

図6-5　北海道十勝地方におけるキタキツネのロードキルの季節変動
子ギツネが育ち、親からひとり立ちしていく時期にあたる7～10月に件数が増加している。
［柳川（2023）より引用、作成］

ませんが、それは「キツネが道路を渡らなければならず、キツネが道路を渡るときに車がやってきてしまうから」です。道路を通る車の数が増えたり、車が速く走ったりすると、キツネが車にひかれやすくなります。また、キツネが道路を渡る回数が増えても、車にひかれる可能性が高くなるでしょう。では、キツネが道路を渡らなければならない理由とはなんでしょうか。

それは、道路をはさんだ反対側に行かないと、食べものが得られなかったり、休む場所がなかったり、おなかをすかせた子どもたちに会えなかったりするからです。もともとキツネの通り道だった場所を横切るように道路ができてしまうと、キツネは生きていくために道路を渡らなければなりません。このように道路は、キツネの生活場所を分断してしまう場合があるのです。

その一方で道路は、キツネにとって出てきたくなったり、近づきたくなるような場所でもあります。高速道路のような立派な道路をつくると、その両側の斜面には牧草などの草が植えられます。これは、まわりの土が道路に流れてこないようにしたり、見た目を美しくする工夫として行われたものです。このように草の生えた道路わきの斜面には、やがてネズミやバッタなどの小動物が住みつき、キツネにとって魅力的なエサ場となります。また、舗装された道路では、キツネが音を立てずに移動しつつ、獲物の立てる音を聞き分けることができます。そのためキツネにとっては、ネズミやバッタなどを狩るのに都合のよい場所になるのです。

さらに、道路ではキツネ以外の動物も交通事故にあいます。シカや鳥などです。こうした動物の死体は、死肉を食べることもあるキツネにとってごちそうになります。このごちそうを食べるため、キツネは道路に出てくるのです。また、後でくわしく触れますが、キツネが道路に出てくると、それを見た人が車を止めてキツネにエサを与えることがあります。「餌付け」と呼ばれる、こうした人によるキツネへのエサやりも、キツネを道路に引き寄せる原因になります。このように、さまざまなエサが得られるという理由からキツネは道路に引き寄せられ、そして車にひかれてしまうことも起きているのです。

人も不幸になる

キツネのロードキルは、キツネ自身にとって不幸なことです。しかしそれだけでなく、人にとっても不幸なことといえます。キツネのロードキルが多い北海道では、道路に飛び出したキツネを避けようとした人の交通事故も発生しています。キツネが原因の交通事故がどれくらい発生しているのかをまとめた統計がないので、はっきりとしたことはわかりません。けれども、自然を守る市民団体であるエコ・ネットワークの代表、小川巌《おがわいわお》さんが新聞記事をもとに調べたところ、北海道の高速道路では１９８９〜２００３年までの15年間に、キツネを避けようとしたことを原因とする人身事故が９件起きていました。これらの事故では、８人が死亡して14人がケガをしていました。特に、2001年に発生した死亡事故では、高速道路へキツネが進入して事故が起きたのは、高速道路を管理する会社がキツネを道路に入れないような対策をしなかったためではないか、と訴える裁判が起きました。この裁判がきっかけで、一部ではありますが、高速道路に柵が整備され、動物が高速道路に進入しにくくなる工夫が進みました（**図6-6**）。

キツネなどの野生動物が道路に入ってくることを防ぎ、車が道路を安全に通れるようにするために、道路のまわりを柵でかこむことは大事な対策のひとつです。けれども、道路をすべて柵でかこってしまうと、道路の反対側へキツネが渡ることもできなくなってしまいます。そのため、新しくつくられる道路には、道路の下にトンネルを掘ったり（**図6-7**）、道路の上に橋をかけたりして（**図6-8**）、動物が安全に渡れる通り道をつくるケースがあります。このように、動物が道路を渡れるようにしたり、動物の生息環境への影響を減らすための工夫をした道路は「エコロード」と呼ばれ、日本各地で実際につくられてきました。キツネの場合、道路の下であれ、上であれ、道路を安全に渡れる通り道を備えたエコロードをつくる

図6-6　高速道路の横に設置された柵
（撮影：筆者）

と、ちゃんと渡ってくれるようです。

キツネにも人にもやさしい道路とは？

新しくつくられる道路では、エコロードのような特別な工夫がなされることがあります。しかし、以前につくられた道路でもキツネのロードキルは起きています。既存の道路では、どんな対策がとられているのでしょうか。

道路を車で走ると、道のわきに動物の絵が描かれた標識を見かけることがあります。事故を防ぐ工夫として、野生動物との事故が起こりやすい場所を運転している人に知らせ、動物が道路に出てきてもぶつかる前に避けたり止まれるようにしているのです（**図6-9**）。また、標識だけでなく、道路わきのライトを増

図6-7　道路の下につくられた動物の通り道（栃木県日光市）
（撮影：筆者）

図6-8　道路の上にかけられた動物の通り道（千葉県茂原市）
（撮影：筆者）

やして、キツネなどの動物が道路に出てくるのを見やすくしたり、動物が道路に近づくとセンサーが感知して、道路わきのランプが点滅するような仕組みになっているところもあります。さらに、特に動物と車がぶつかる事故の起きやすい場所では、車が速く走れないようにわざと道路をでこぼこにしていたりもします。

けれども、こうした対策は全国にはりめぐらされた道路のほんの一部でしか行われておらず、まだまだ不十分です。そもそも、キツネをはじめとして、野生動物のロードキルが、いつ、どこで、どれくらい起きているのかを知ることさえ、十分にできていません。まずはこうしたロードキルの実態を把握していかないと、どこで、どのように、どれくらいの対策をとればよいのかを決めることもできないでしょう。

道路は、私たちが便利で豊かな暮らしをするためにつくったものです。その道路のために、キツネだけでなく私たちさえも不幸になることが起きているのであれば、それをなんとかするのも私たちの責任であるといえます。キツネをはじめとする野生動物と人が、ともに安心して道路を利用できるような工夫を、今後も知恵をしぼりながら、積み重ねていかなければならな

図6-9　キツネがデザインされた動物注意の道路標識
（提供：柳川 久氏）

いでしょう。

※１　北海道の南東部に位置する、１市16町２村で構成された広域行政区の総称。

3

餌付けと観光ギツネ

北海道の観光ギツネ

北海道を車で旅すると、道路のわきでキツネの姿を見かけることがあります（**図6-10**）。これらのキツネは、北海道に訪れた観光客にとって、野生動物をすぐ近くで見るのに絶好の機会を与えてくれることから、「観光ギツネ」と呼ばれたりします。また、道路に出てくることで観光客からエサをもらうことが多いため、「おねだりギツネ」とも呼ばれています。実際、キツネがわざわざ道路わきに出てくるのは、観光客からエサがもらえるためです。

キツネが人や車と出会ったときに見せる反応としては、「逃げて姿をかくす」のが一般的です。北海道以外の地域で暮らす人たちにとっては、こうしたキツネの反応が普通

図6-10　観光ギツネ
（撮影：筆者）

のことに感じられるでしょう。しかし観光ギツネの場合、キツネの方が積極的に姿をあらわし、逃げるどころか近づいてきさえします。さらに、キツネが姿をあらわすのも、彼らが活発に動きまわる夕方以降の夜間ではなく、私たちと同じ昼間の時間帯です。北海道以外のキツネと比べて、ずいぶん変わった行動をしているといえます。このように、動物の行動を変化させて、動物がエサを食べるように仕向けることを、一般的に餌付けと呼びます。観光ギツネたちはまさに、観光客からもらえるエサに餌付けられているといえるでしょう。

「北の国から」が餌付けブームのはじまり？

今や北海道の各地で見られる観光ギツネですが、これらのキツネがどこでも見かけられる状況は、それほど昔からのことではないようです。新聞記事などを手がかりに調べてみると、１９７０年代ごろから、知床半島や積丹《しゃこたん》半島、十勝岳《とかちだけ》温泉、雷電《らいでん》温泉、二股《ふたまた》らぢうむ温泉などの一部の地域で、人に慣れてエサなどをもらう観光ギツネらしき個体が見られることが報じられていました。さらに、北海道大学の大学院生だった渡邉圭《わたなべけい》さんが役場や旅館などに聞き取りをして全道的にくわしく調べたところ、北海道全域で観光ギツネが見られるようになったのは１９８０年代以降ということでした。こうした観光ギツネの全道的な広がりは、第1章でも紹介した、１９７０年代終わりから１９８０年代初めにかけて公開・放映された映画やテレビドラマが大きく影響したと考えられます。

まず北海道のキツネが注目されるきっかけをつくったのは、1978年に公開された映画『キタキツネ物語』でした。翌年にはテレビでも放映されて、テレビのある家庭のうちの半分近くが見るほどの人気ぶりでした。この映画の動物監督を務めた竹田津実さんは、その著書『キタキツネの十二か月』の中で「映画は成功といわれ…(中略)…キツネファンが多く生まれた…(中略)…〝みやげものの6割はキツネ関連のもの〟と言われる時代が来る」ことになったと当時の様子を振り返っています。

その後、1981~1982年にかけて、テレビドラマ『北の国から』が放映されます。このドラマでは、主人公の1人である蛍が「ルルルル……」と声をかけながら、キツネにエサを与えて交流する印象的なシーンが描かれました。このドラマは、後に2002年まで続く、8篇の長編ドラマがつくられるほどの人気作品となりますが、蛍の行為をまね、キツネにエサを与えて近づこうとする観光客を増やし、観光ギツネを全道に広げることに少なからぬ影響を与えたようです。

実はこのドラマの第12話では、蛍が行ったキツネの餌付けが正しいことなのかをめぐり、蛍が通う学校で小学生同士が議論する場面も描かれています。そこでは、教師である涼子が、キツネにエサを与えることはキツネを不幸にするのではないかという疑問を、蛍をはじめとする小学生たちに投げかけています。ドラマの中でその答えは出てはいませんが、作品から読み取れるメッセージは、キツネの餌付けに対して必ずしも肯定的ではないように感じられます。つまり、北海道で広がった蛍の餌付け行為は、ドラマで伝えられたその是非に関するメッセージとは裏腹に、映像で描かれた象徴的なシーンだけが視聴者に切り取られ、流行してしまったのです。

ご先祖さんも餌付け？

北海道でキツネの餌付けが広がるのに、映画やテレビが影響したと述べましたが、キツネを餌付けること自体は、昔から多くの人によりあちらこちらで行われてきたようです。例えば、江戸時代の１７８２年に編集された『塩尻《しおじり》』という随筆の中に出てくる「おいでぎつね」は、静岡県の宿場町のはずれにある茶屋にいて、呼ぶと寄ってきて旅人からエサをもらう、人を恐れないキツネだと記されています。同じく江戸時代に書かれた『古今雑談思出草紙《ここんざつだんおもいでそうし》』にも、東京の町中の稲荷神社のとなりにある茶屋に、おいでと呼ぶと姿をあらわして、菓子やだんごなどを食べるキツネが出てきます。これらはまさに北海道で見かける観光ギツネの原型ともいえそうです。

動物を餌付けして人に慣れさせ、動物たちに近づこうとする取り組みは、キツネに限らず、多くの動物に対して行われています。身近なところでは、公園のハトや池のコイにエサを与えて動物たちと交流する人を見かけることがありますし、住宅地でノラネコにエサを与えてかわいがる人たちの姿も見慣れた光景でしょう。さらに足をのばして、大分県の高崎山や長野県の地獄谷などの野猿公苑《やえんこうえん》へ行けば、定期的にエサが与えられ、人によく慣れたニホンザルをすぐ近くで観察することができます。また、大仏で有名な東大寺のある奈良県の奈良公園へ行けば、人慣れしたシカに観光客が近づいて、せんべいを与える光景を目にすることができます。

特に奈良公園のシカには長い歴史があり、公園内にある春日大社《かすがたいしゃ》が建てられた768年にはすでにシカが生息していました。最近の遺伝学的研究では、春日大社が建てられたころから他のシカのなかまと分かれて独自の遺伝的特徴をもつようになったことがわかっています。また、江戸時代の前期ごろには、今のように観光客がシカにせんべいを与えていたことが知られています。このように、キツネに限らず人が動物と交流する上で、餌付けは昔からよく用いられてきたやり方だったといえるでしょう。

餌付けのもたらす影響

餌付けが人と動物との交流をもたらす方法として長い歴史があるとしても、それが必ずしもよいものであるとは限りません。餌付けは、動物やそれを取りまく環境に少なからず影響をおよぼしているからです。動物の体に合わない食べものを与えることで、体の具合が悪くなったり、病気になったりします。例えば、北海道のウトナイ湖では、ハクチョウが観光客からもらったパンをのどにつまらせて死亡する事故が発生しています。さらに、北海道旭川市では、鳥のエサ台で与えられたエサから、スズメがサルモネラという細菌に感染し、たくさん死んでしまう事故も起きています。

逆に餌付けによって動物の栄養状態がよくなり、数が増えていってケンカが多くなってしまったり、まわりの環境に悪影響をおよぼしたり、人をケガさせることも増えています。ニホンザルが餌付けされたケースでは、子どもを産む母ザルが増えて、生まれた子ザルの死ぬ数が減りました。そのため、群れのサルの数自体が増えていき、群れが分かれてしまったり、エサをめぐるケンカが増えて強い個体と弱い個体の違いが目立つようになったりしています。また、一部の個体がまわりの畑に出ていって農作物を食べたり（**図6-11**）、樹木を食べ、地面をふみかためることでまわりの森林の幼木が育ちにくくなったりしています。奈良公園のシカでも、数が増えてまわりの森の幼木を食べてしまうた

図6-11　ニホンザル
山から人里へ下りてきたニホンザル。民家の屋根の上に鎮座。

め、次世代の若木が育ちにくくなっています（**図6-12**）。さらに、人を恐れないシカが人に危害を加える人身事故も増えています。北海道の知床半島では、ヒグマが観光客に餌付けされた結果、ヒグマが人を恐れず、小学校に出没するようなったため、人を襲う危険から駆除されてしまいました。

キツネについても、餌付けは人に慣れた個体を増やすだけでなく、通常の生活場所を離れてエサがもらえる場所まで移動するようになってしまったり、おとなのキツネが死ににくくなり、その土地に暮らすキツネの数をすこしだけ増やしたりしています。ただし、キツネは与えられたエサに頼りっきりになるのではなく、自然のエサが捕れる限りは、そちらの方を優先的に食べているようです。それでも、キツネが人の近くで暮らすように仕向けることになるため、キツネから人へエキノコックス症のような病気がうつってしまったり、道路に出てきたキツネが車にひかれやすくなったりするなど、好ましくない結果をもたらします。キツネにエサを与える人は、こうした悪影響があることを十分に理解した上で、それでもなおエサを与えるのかど

図6-12　シカによる林床の過食（長野県佐久市）
シカの数が増え、林床の植物が食い荒らされてしまった例。奈良公園では、人によって餌付けされたシカがこのような被害をおよぼしている。（撮影：筆者）

うかを決めるべきです。

節度のある付き合い方とは

動物の餌付けにはさまざまな悪影響が認められることから、自治体や国が、条例や法律などのルールを定めるようになってきています。例えば、群馬県利根郡みなかみ町、栃木県日光市、福島県福島市および鹿児島県熊毛郡屋久島町などでは、２００５～２００７年にかけて、ニホンザルへの餌付けを禁止する条例が定められました。また、兵庫県西宮市や神戸市では、イノシシへの餌付けを禁止する条例が２０１２年と２０１４年にそれぞれ定められています。さらに滋賀県では、ニホンザル、ツキノワグマ、イノシシ、ニホンジカおよびカワウといったさまざまな野生動物に対しての餌付けを禁止する条例を２００６年に、北海道でもヒグマへの餌付けを禁止する条例を２０１３年に定めています。そして、国においても、２０２１年に自然公園法が改正されて、国立公園や国定公園などの一部の地域では、野生動物全般への餌付けが禁止されることとなりました。つまり、キツネへの餌付けについても、国立公園や国定公園などの一部地域では、原則として禁止されているといえます。

動物にエサを与え、間近でエサを食べる動物を観察できる餌付けは、とても楽しいものです。私たち人は、家族や恋人と一緒に食事に出かけるなど、他人と一緒に同じものを食べたり飲んだりすることを〝楽しい〟と感じます。そして、こうした食べる行為を一緒に行うことで「親しさ」や「好意」を他人に示すことを日ごろから行っています。このようなかたちで人が他人に対して示す「親しさ」や「好意」を、動物に向けたものが、私たちが無意識に行ってしまう「餌付け」の本質なのかもしれません。

けれども、餌付けというかたちで人から示された親愛の気持ちは、必ずしも動物には伝わりません。動物の方は、餌付けによって人から示された好意を、簡単に得られるエサと認識します。そして、こうしたエサに対してとても強く反応する動物が出てきます。結果として個体数が増え、農作物を食べてしまったり、人の生活環境をフンなどで汚してしまったり、人を襲ってエサをうばったり、動物から人へ病気をうつしてしまうなど、さまざまな悪影響が餌付けによって引き起こされてしまうのです。

人の思いと動物の反応との間には、このような思い違いが生じています。こうした思い違いがどんどん悪くなっていくことを防ぐためにも、私たち自身の悪い〝クセ〟をあらため、度をこえないようにするルールづくりと、そのルールをきちんと守っていくことが、これからも必要なのでしょう。

4

キツネと人のこれからを考える

身近な隣人としてのキツネ

第2章でも紹介しましたが、北海道の都市部では、都会で暮らす「都市ギツネ」を見かけることがめずらしくなくなりました。本州の代表的な都市部といえば東京、大阪、名古屋あたりでしょうが、東京や大阪の町中でキツネを見かけることはまだまだ一般的ではありません。一方名古屋では、町の中に出没するキツネを見かけることが増えてきているようです。

都会というと、今は死語となってしまった「コンクリートジャングル」といわれたり、昭和時代には「東京砂漠」と歌われたように、建物が立ちならんでいて、生きものが少ない場所といったイメージをもちがちです。しかし、そんな都会にも街路樹が植えられていたり、公園に行けば木々や花々が生い茂っていたりします。さらに植物のまわりでは昆虫などが動きまわり、それを狙って小鳥たちが飛び交っていたりします。よく見ると、意外にさまざまな生きものが都会に暮らしているものです。

キツネはとても有能なハンターなので、こうした都会にひそむ昆虫や小鳥を捕まえてエサにすることができます。さらに、建物のすき間をかくれ場所とし、子育てをする巣穴とすることで、都会を生活の場にしています。とりわけエサに関していえば、先に紹介したように餌付けによって人から与えられたり、あるいはノラネコや地域のネコなどの置きエサのおこぼれをかすめとったりすることで、十分におなかを満たすことができるでしょう。実際、1990年代後半に、北海道札幌市の市街地で交通事故にあったキツネがどんなものを食べていたかを調べた研究によると、食べもの全体の4割ほどを人由来の残飯などが占めていることがわかりました。北海道の観光地である知床半島で観光客に餌付けられていたキツネでも、人由来の食べものは1割ほどでしたので、かなり高い割合だったといえるでしょう。さらにイギリスの都市ギツネになると、こうした人由来のエサが食事に占める割合は6割をこえるほどにまで増えることが知られています。

キツネが、都会で暮らす私たちの身近な隣人となることは、今後、東京や大阪でもあたり前になっていくかもしれません。そうした時代をこれから迎えるにあたり、私たちはどのようなことに注意すればよいのでしょうか。

一足先にキツネが町中で暮らすようになった札幌市では、キツネと人との間でさまざまな問題が起きています。2022年9月8日には、札幌市営地下鉄東豊線の線路上にキツネが出没し、電車を一時停止させるなどの交通障害を引き起こしました。また、都会では道路がすき間なくはりめぐらされ、車の通る量も多くなるのでキツネが交通事故にあう危険性が高くなってしまいます。２０１４年には札幌市内で１５２頭のロードキルが確認されており、最近では毎年１００頭以上のキツネが交通事故死しています。幸い死亡にまでいたらなくても、交通事故でケガをした個体が発見されれば、傷病鳥獣として救護する事例も今後増えていくでしょう。例えば、東京のとなりの神奈川県の都市部でキツネより先に都会へ進出したタヌキは、過去10年以上において、事故などでケガをして救護センターへ運び込まれる数が、哺乳類の中で最も多くなっています。

さらに、キツネが人に示す行動にも変化が起きているようです。２０１７年には札幌市清田区の公園に住みついたキツネが、近づく人に大きな声をあげて威嚇し、公園を利用する人たちを怖がらせました。このことがニュースに取り上げられ、大きな話題にもなりました。この程度の迷惑であればまだかわいいものですが、都市ギツネがあたり前のように暮らすイギリスでは、キツネが家屋に侵入して幼児に噛みつき、ケガを負わせる事件も発生しています。この事件の背景として、エサでキツネを慣らし、家屋へ侵入するようになるまでキツネの行動を大きく変化させてしまったことが一因と考えられています。餌付けが原因のこうした問題は、キツネと人の生活場所が重なる都会では、人里から離れた観光地以上に起こりやすいでしょうから、十分に注意すべきです。

病気との付き合い方

都会では、餌付けのように、じかにキツネと関わるかたちだけでなく、知らないうちに住みついたキツネから間接的に影響を受けてしまうこともあります。例えば、第5章でくわしく触れたエキノコックス症の問題などはその一例でしょう。キツネが住宅の庭に夜の間にあらわれてそこにフンを残していけば、フンの中に含まれたエキノコックスの卵が、人にエキノコックス症を引き起こすもとになります。キツネのフンの中には、エキノコックスだけでなく、イヌ回虫の卵も含まれていることがあります。すると、こうした別の寄生虫病にかかってしまうかもしれません。さらにキツネが、皮膚の中にひそむダニによって引き起こされる疥癬という病気にかかっていた場合、キツネが寝場所としたところなどに飼い犬や飼い猫が接触することで、この皮膚病に感染してしまう可能性もゼロではないでしょう。このように、人やペットなどへ、キツネからさまざまな病気がうつってしまう危険性があります。

2020年以降、私たちは新型コロナウイルス感染症の流行により、病気の脅威にさらされ、不自由な生活を送ることを余儀なくされました。こうした病気が流行したのも、もともとはコウモリやセンザンコウのなかまがもっていたウイルスが人へと広がったためだと考えられています。野生動物が人と接触することは、私たちの生活をおびやかすさまざまな病原体とも接触する危険性をはらんでいるのです。こうした危険を避けるためにも、日ごろから私たちが接する可能性がある野生動物たちの健康状態や、病気の流行状況を把握し、早めに対策を講じることが重要です。

例えば北海道の都市ギツネの場合、エキノコックスの感染状況をロードキル個体や野外で拾ったフンなどから調べることが可能です。特別な対策をしていない場合、北海道全体の平均的な状況から考えると、都市ギツネの４割ほどはエキノコックスに感染していると考えてよいでしょう。こうした都市ギツネからのエキノコックス症感染の危険を減らすには、前章で紹介したような虫下し入りのエサをまくことが有効です。キツネの餌付けは、いきすぎるとトラブルの元ですが、キツネに虫下しを与える上ではとても役立ちます。このように、餌付けもうまく活用すれば、自分の近くにあらわれるキツネを私たちの健康をおびやかす存在にさせないことができるのです。私たちの隣人となる動物たちの健康チェックとその維持管理は、私たち自身の健康を守るためにも欠かせません。

野生動物と人との距離感

都会で暮らす都市ギツネも、観光地でエサをねだる観光ギツネも、人里離れた野山で暮らすキツネと同じ野生の動物です。野生の動物とは、「人による介入がより少ない動物」であることを意味します。逆に、人によって飼い慣らされて保護や管理の対象となり、繁殖までコントロールされてしまうと、野生動物ではなく、家畜や伴侶動物、実験動物などといった動物に分類されることになります。ライオンやオオカミなどの立派な野生動物といえども、捕獲されて動物園で飼育されてしまえば、「動物園動物」や「展示動物」になるのです。餌付けられた観光ギツネが、いまひとつ「野生動物」らしく感じられないことには、人からエサをもらうことで、人に依存して生活しているように見えることが影響していると思います。野生動物が〝野生〟であるためには、人からの介入をできるだけ減らすことが不可欠なのでしょう。

都市ギツネや観光ギツネたちが〝野生のキツネ〟らしくあるためには、たとえ住み場所が人と重なっていても、たとえ一部のエサを人からもらっていたとしても、キツネが人と一定の距離を保ち、人とは独立して自律的に生存・繁殖していくことが必要なのです。都市ギツネや観光ギツネと接する私たち自身も、その生き方を理解して尊重し、余計な介入をつつしむ、そんな節度のある距離感が保たれた関係を維持できるよう、心がけていきたいものです。

このような適度な距離のある関係を、キツネと私たちとの間で保つことができれば、野生のキツネたちがその遠い祖先から引き継いできた本来の姿を、私たちは垣間見ることができるでしょう。その先にはきっと、皆さんの知らない〝キツネのせかい〟が広がっているに違いありません。

コラム８

毛の抜けた、お化けギツネの正体は？

しっぽがゴボウのようにとがり、全身の毛が抜けた、お化けのような姿のキツネを見かけたことのある方がいるかもしれません（図6-13）。こうしたキツネの多くは疥癬という病気にかかっています。

疥癬は、ヒゼンダニというダニが引き起こす病気です（図6-14）。ヒゼンダニは、０・３〜０・４㎜ほどの大きさしかなく、顕微鏡を使わないとその姿は見えません。皮膚に穴を掘ってキツネに住みつくので、住みついた部分の毛が抜けていきます。さらに、毛が抜けた皮膚が厚くなり、全身がかさぶたのようなものでおおわれるようになります。そして、疥癬がひどくなったキツネは死んでしまいます。

筆者が疥癬のキツネを初めて目にしたのは、１９９４年、知床半島でのことです。変わり果てたキツネの姿に驚くとと

図6-13　疥癬のキツネ
（撮影：筆者）

もに、この病気の恐ろしさを実感させられました。当時筆者は、数十頭のキツネに名前を付けてその生態を調べていましたが、調査していたキツネが疥癬にかかり、次々と死んでいったのです。

その後すぐに、キツネの疥癬は北海道全域で大流行しました。この病気の流行により、北海道全体でキツネの数が大きく減ってしまうことにもなったのです。

ヒゼンダニ自体は乾燥に弱く、キツネの体を離れると長くは生きられません。キツネ同士が体を触れ合ったり、同じ寝場所を使ったりすることで病気が広がったのだと考えられます。

ヒゼンダニが住みつくのはキツネだけではありません。タヌキ、カモシカ、アライグマなどの野生動物や、イヌ、ネコといったペット、ウシ、ブタなどの家畜にも住みつきます。さらには、人にも住みついて疥癬を引き起こすことがあります。

キツネの病気といっても、キツネだけの問題にとどまってはくれないのです。疥癬にかかっているキツネを見かけたら、この病気がキツネだけでなく、他の動物へも広がっていくことがないよう、注意深く見守ることが必要です。

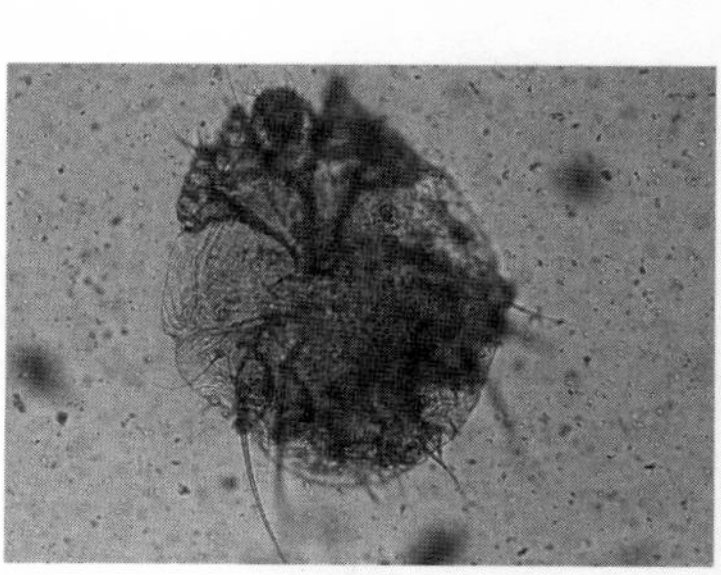

図6-14　ヒゼンダニ
（撮影：筆者）

コラム９

キツネはペットになるか？

キツネはとても愛らしい動物です（図6-15）。とりわけ子ギツネたちの遊ぶ姿を眺めていると（口絵32）、子犬や子猫のように飼ってみたいと考える人もいるかもしれません。実際にイギリスでは、このような誘惑に負けたのか、ひとりでいる子ギツネを親を失ったかわいそうな〝孤児〟とまちがえて保護し、飼ってみた例もあるようです。

けれども、こうした試みの多くはうまくいきません。実際に飼ってみた人たちの話では、キツネはいうことを聞かず、破壊の限りをつくし、さらには強烈なにおいを放つようになるので、とても一緒に暮らせるような動物ではないとのこと。結局、手に負えなくなって動物園や保護センターに助けを求めることになってしまいます。

キツネを飼うことがいかに難しいかについて知りたい方

図6-15　近寄ってくる愛らしい子ギツネ
（撮影：筆者）

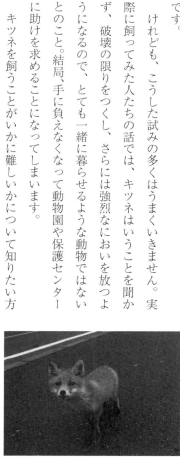

は、竹田津実さんの書かれた『キタキツネ飼育日記』や『続キタキツネ飼育日記』を一読することをおすすめします。キツネがイヌやネコのような飼いやすい動物とは、どれほど異なっているのかがよくわかるでしょう。

ただし、ロシアで飼育されたキツネたちの中には、人と暮らすのに適した個体も生まれてきています。これらの特殊なキツネは、イヌが家畜化された過程を再現するためにつくり出されました。人に対して唸ったり、噛みついたりしない、おとなしいキツネを選び出し、それらのキツネに子どもを産ませ、生まれた子どもの中から、さらに人に慣れやすい個体を選び出していったのです。

こうした〝選抜〟を4世代ほど繰り返すと、イヌのように尾を振って人が近づくのを喜ぶキツネが生まれ、6世代目にはクンクン鳴いて人をなめたりするようになりました。そして、8～10世代目には、行動だけでなく見た目もイヌのようになり、白い斑点模様の付いた個体や、たれた耳、くるりと巻き上がったしっぽをもつ個体が見られるようになったのです。

しかし、こうした特殊なキツネはあくまでも人為的につくり出された個体であり、野生のキツネは、その野生さゆえにペットには向かない動物といえそうです。

▼おわりに

本書を最後までお読みいただき、ありがとうございます。もしかしたら本書を買うかどうか迷っていて、〝はじめに〟を読んだ後、こちらに目を通している方もおられることでしょう（筆者自身もよくしています）。中身については本編で楽しんでいただいた（もしくはいただく）こととして、ここでは本書ができあがった舞台裏について、私の研究のはじまりからすこしお話しします。

そもそも私がキツネの研究に取り組むようになったのは、入った大学の研究室がキツネを研究対象としていたからでした。とてもありきたりな出会いなのですが、まあ、研究のはじまりなんて、得てしてそんなものなのでしょう。ただ、研究にのめり込むきっかけはキツネの方が与えてくれました。

所属した研究室では、北海道江別市に生息するキツネの家族を研究対象としていました。その家族の営巣場所は、民家が密集する住宅地にかこまれた小さな緑地の中にありました。薄暗くなると、巣穴のある緑地からあらわれたキツネは、舗装された道路を平然と歩きまわります。まるでどこかのノラネコのように。緑にかこまれた自然豊かな地域で暮らすキツネの姿を当然のものと考えていた当時の私にとって、それは驚きを覚える光景でした。こうした観察を通じて、野生のキツネのもつ「たくましさ」を感じ、キツネという動物そのものに強く興味を抱くようになりました。

しかし、そんな思いとは裏腹に、このキツネ家族の観察は思うように進みませんでした。対象としていた母ギツネがケガを負って警戒心を強め、その追跡が難しくなったからです。結局、このケガのせいか、母ギツネの姿は子育て途中で見られなくなりました。そのままこの家族の観察に集中していたら、私のキツネ研究はここで途切れていたかもしれません。

しかし、幸運に恵まれました。当時、大学から調査地へ車で30分ほどかけて通っていたのですが、その道中で別のキツネ家族の巣穴を偶然見つけたのです！　その巣穴は小さな川沿いの斜面にあり、川の対岸からキツネの様子を容易に観察できました。この家族との出会いにより、私のキツネ研究は急速に進展します。一晩中、追跡・観察できるようになったばかりか、子別れの儀式までも確認できました。その結果、キツネの観察研究にどっぷりとはまっていくことになります……。このあたりの事情は、拙著『もうひとつのキタキツネ物語』にくわしく書いてあるので、興味のある方はぜひそちらも手に取ってください。

ただし、私がのめり込んだ対象は、あくまでも〝キタキツネ〟でした。私の生まれは岐阜県ですが、幼少から高校生まで育ったのは愛知県名古屋市郊外のベッドタウンです。そこには野生のキツネは生息しておらず、私にとっての身近なキツネは、むしろ昔ばなしなどの物語で出会う動物のひとつでした。本物のキツネ（こちらは〝ホンドギツネ〟）の方は、両親の実家がある岐阜県へ出かけた折に、夜間に一瞬見かけるだけの存在にすぎません。北海道で出会い、研究対象としてのめり込んだキタキツネは、生物学的にはこれらのホンドギツネと同じ種なのですが、私自身の中では、不思議に別の動物のように感じられました。

北海道での11年あまりの研究生活の後、私は栃木県にある研究機関に職を得ました。そして、ホンドギツネも研究対象の一部に加わりました。しかし、ホンドギツネは、キタキツネのように人の生活圏に積極的に入り込む大胆さをもつ動物とは思えません。彼らは、人目を忍んでひっそりと暮らしており、どちらかというと「化ける」動物との親和性が高いようにも感じられました。同じ種であるにもかかわらず、このイメージのギャップはどこから生じるのでしょうか？

本書では、私自身が感じたイメージと、実際のキツネの生態との食い違いの謎解きには取り組んでいません。ここまで読まれた方ががっかりすると申し訳ないので、簡単に謎解きをしてみることにしましょう。この謎には、人目に触れる頻度の違いが影響しているのだと思います。キタキツネの方が、ホンドギツネよりも相対的に生息密度が高く（ロードキル数が全然違います）、人慣れの度合いも高い個体が多いようです。つまり、人がキツネと接する機会はキタキツネとの方が多くなり、またその生物学的特徴にもじかに触れることが多くなります。するとどうでしょう。イメージの世界でふくらんだ神秘のベール（というより化けの皮？）がはがされていくことが、キタキツネでは多くなるのではないでしょうか。本書の第1章や第6章をお読みいただければ、この説明になんとなく納得していただけると思います。上記の謎に興味をもった方は、ぜひ本書を再読し、私の説の妥当性や新しい仮説を考えていただければ幸いです。

さて、本書ができる直接のきっかけの方も紹介しておきましょう。この本の編集者である三井麻梨香さんは、何を隠そう、私の研究室出身の教え子です。彼女のこんな一言がすべてのはじまりでした――「先生、キツネの本を書きませんか?」。喜んでお引き受けし、本書が日の目を見ることになりました。緑書房の三井さんと井上未佳子さんには、本書の編集作業で大変お世話になりました。感謝申し上げます。

また、本書にはたくさんの写真や図表が掲載されており、見て楽しめる一冊にもなっていますが、この裏側にも、幸運な出会いがありました。キツネ愛好家の界隈では著名なCheng-Renさんと、とある学会で知り合い、口絵を飾るすてきなキツネたちの写真を掲載させていただけることになったのです。さらにそのつてで、もうひとりの素晴らしい写真家、キツネ写真館のCONTAさんからも美しい写真の数々をご提供いただくことができました。こうした出会いのきっかけは、若きキツネ研究者である京都大学大学院の吉村恒熙《こうき》さんのおかげです。彼がCheng-Renさんを学会にお誘いして、私に引き合わせてくれました。これら幾多の出会いと、協力してくださった皆さんには感謝の言葉しかありません。

本書の写真掲載にあたっては、他にもたくさんの方々や団体にご協力いただきました。村上隆広さん、名古屋市東山動植物園さん、旭川市旭山動物園さん、駒ヶ岳・大沼森林ふれあい推進センターさん、八木欣平さん、浦口宏二さん、地方独立行政法人天王寺動物園さん、京都市動物園さん、城亮輝さん、横浜市立よこはま動物園（ズーラシア）さん、知床世界遺産センターさん、濱崎今日子さん、竹下毅さん、柳川久さん。ここに記し、心より感謝申し上げます。

２０２３年 冬

塚田英晴

101. Uraguchi K, Irie T, Kouguchi H, Inamori A, Sashika M, Shimozuru M, Tsubota T, Yagi K (2022) Anthelmintic baiting of foxes against *Echinococcus multilocularis* in small public area, Japan. Emerging Infectious Diseases 28: 1677-1680.
102. Yamano K, Kouguchi H, Uraguchi K, Mukai T, Shibata C, Yamamoto H, Takaesu N, Ito M, Makino Y, Takiguchi M, Yagi K (2014) First detection of *Echinococcus multilocularis* infection in two species of nonhuman primates raised in a zoo: a fatal case in *Cercopithecus diana* and a strongly suspected case of spontaneous recovery in *Macaca nigra*. Parasitology International 63: 621-626.

第6章

103. 小川巌 (2006) キツネが原因の高速道路における人身事故死の事例と侵入防止.「野生生物と交通」研究発表会講演論文集 5: 5-10.
104. 倉本總 (1981) 北の国から 前編. 理論社.
105. 髙山耕二・島袋卓・中西良孝 (2011) アイガモ農法におけるアイガモ雛への野生鳥獣害. 日本暖地畜産学会報 54: 213-216.
106. 竹田津実 (1982) キタキツネ飼育日記. 平凡社.
107. 竹田津実 (1984) 続キタキツネ飼育日記. 平凡社.
108. 塚田英晴・岡田秀明・山中正実・野中成晃・奥祐三郎 (1999) 知床半島のキタキツネにおける疥癬の発生と個体数の減少について. 哺乳類科学 39: 247-256.
109. 塚田英晴 (2021) キツネ. 古谷益朗 (監) 酪農の鳥獣被害対策ハンドブック. デーリィマン社. pp. 40-46.
110. 畠山武道 (監) 小島望・高橋満彦 (編) (2016) 野生動物の餌付け問題：善意が引き起こす？ 生態系撹乱・鳥獣害・感染症・生活被害. 地人書館.
111. 福江佑子・南正人・竹下毅 (2020) 中型哺乳類における錯誤捕獲の現状と課題. 哺乳類科学 60: 359-366.
112. 北海道生活環境部自然保護課 (1987) 野生動物分布等実態調査報告書—キタキツネアンケート調査報告書. 北海道.
113. 柳川久 (2023) キタキツネとエゾリス 普通種のロードキルとその対策. 柳川久 (監) 塚田英晴・園田陽一 (編) (2023) 野生動物のロードキル. 東京大学出版会. pp.63-81.
114. Dugatkin LA, Trut LN (2017) How to tame a fox (and build a dog): visionary scientists and a Siberian tale of jump-started evolution. The University of Chicago Press.
115. Takagi T, Murakami R, Takano A, Torii H, Kaneko S, Tamate HB (2023) A historic religious sanctuary may have preserved ancestral genetics of Japanese sika deer (*Cervus nippon*). Journal of Mammalogy 104: 303-315.

第5章

88. 神谷晴夫・金澤保(1999)エキノコックス症—青森県で感染ブタが検出される. 病原微生物検出情報20 : 248-249.
89. 後藤芳恵・佐藤和・矢作一枝・小松修・保科仁・安孫子千恵子・山崎浩・川中正憲(2010)山形県でと畜された軽種馬の肝臓から高率に検出されたエキノコックス(多包虫). 病原微生物検出情報31 : 210-212.
90. 登丸優子・福本真一郎・森嶋康之(2014)本州以南第2例目の届出となった犬のエキノコックス(多包条虫)症—愛知県. 病原微生物検出情報35: 183.
91. 一二三達郎・池田加江・江藤良樹・井河和仁・西村耕一・小川卓司・川口博明・三好宣彰(2015)福岡県のと畜場に搬入された馬にみられた肝臓灰白色硬結節と多包虫感染との関連性. 日本獣医師会雑誌 68: 253-257.
92. 北海道保健福祉部保健医療局食品衛生課(2007)キツネの駆虫に関するガイドライン—エキノコックス症対策—.
93. 北海道保健福祉部健康安全局食品衛生課(編)(2023)令和3年度(2021年度)食品・生活衛生行政概要. 北海道.
94. 北海道立衛生研究所創立50周年記念誌編集委員会(編)(1999)北海道のエキノコックス—創立50周年記念学術誌. 北海道立衛生研究所.
95. 山下次郎・神谷正男(1997)(増補版)エキノコックス—その正体と対策. 北海道大学図書刊行会.
96. 山本徳栄・近真理奈・斉藤利和・前野直弘・小山雅也・砂押克彦・山口正則・森嶋康之・川中正憲(2009)埼玉県内のイヌおよびネコにおける腸管寄生虫類の保有状況. 感染症学雑誌 83: 223-228.
97. Inoue T, Nonaka N, Kanai Y, Iwaki T, Kamiya M, Oku Y (2007) The use of tetracycline in anthelmintic baits to assess baiting rate and drug efficacy against *Echinococcus multilocularis* in foxes. Veterinary Parasitology 150: 88-96.
98. Schelling U, Frank W, Will R, Romig T, Lucius R (1997) Chemotherapy with praziquantel has the potential to reduce the prevalence of *Echinococcus multilocularis* in wild foxes (*Vulpes vulpes*). Annals of Tropical Medicine and Parasitology 91: 179-186.
99. Takahashi K, Uraguchi K, Hatakeyama H, Giraudoux P, Romig T (2013) Efficacy of anthelmintic baiting of foxes against *Echinococcus multilocularis* in northern Japan. Veterinary Parasitology 198: 122-126.
100. Tsukada H, Hamazaki K, Ganzorig S, Iwaki T, Konno K, Lagapa JT, Matsuo K, Ono A, Shimizu M, Sakai H, Morishima Y, Nonaka N, Oku Y, Kamiya M (2002) Potential remedy against *Echinococcus multilocularis* in wild red foxes using baits with anthelmintic distributed around fox breeding dens in Hokkaido, Japan. Parasitology 125: 119-129.

75. Baker PJ, Funk SM, Bruford MW, Harris S (2004) Polygynandry in a red fox population: implications for the evolution of group living in canids? Behavioral Ecology 15: 766-778.
76. Cavallini P (1992) Ranging behavior of the red fox (*Vulpes vulpes*) in rural southern Japan. Journal of Mammalogy 73: 321-325.
77. Goszczyński J (1990) Scent marking by red foxes in central Poland during the winter season. Acta Theriologica 35: 7-16.
78. Iossa G, Soulsbury CD, Baker PJ, Edwards KJ, Harris S (2009) Behavioral changes associated with a population density decline in the facultatively social red fox. Behavioral Ecology 20: 385-395.
79. Jorgenson JW, Novotny M, Carmack M, Copland GB, Wilson SR, Katona S, Whitten WK (1978) Chemical scent constituents in the urine of the red fox (*Vulpes vulpes* L.) during the winter season. Science 199: 796-798.
80. Macdonald DW (1979) Some observations and field experiments on the urine marking behaviour of the red fox, *Vulpes vulpes* L. Zeitschrift für Tierpsychologie 51: 1-22.
81. Takeuchi M, Koganezawa M (1992) Home range and habitat utilisation of the red fox *Vulpes vulpes* in the Ashio Mountains, central Japan. Journal of the Mammalogical Society of Japan 17: 95-110.
82. Trivers RL (1985) Social evolution. Benjamin/Cummings Publishing Company. 邦訳『生物の社会進化』(ロバート・トリヴァース著, 中島康裕・福井康雄・原田泰志訳) 産業図書.
83. Walton Z, Samelius G, Odden M, Willebrand T (2017) Variation in home range size of red foxes *Vulpes vulpes* along a gradient of productivity and human landscape alteration. PLOS ONE 12: e0175291.
84. Walton Z, Samelius G, Odden M, Willebrand T (2018) Long-distance dispersal in red foxes *Vulpes vulpes* revealed by GPS tracking. European Journal of Wildlife Research 64: 64.
85. Walton Z, Hagenlund M, Østbye K, Samelius G, Odden M, Norman A, Willebrand T, Spong G (2021) Moving far, staying close: red fox dispersal patterns revealed by SNP genotyping. Conservation Genetics 22: 249-257.
86. Whiteside HM, Dawson DA, Soulsbury CD, Harris S (2011) Mother knows best: dominant females determine offspring dispersal in red foxes (*Vulpes vulpes*). PLOS ONE 6: e22145.
87. Zabel CJ (1986) Reproductive behavior of the red fox (*Vulpes vulpes*): A longitudinal study of an island population (Alaska). Doctoral dissertation, University of California, Santa Cruz.

62. Prestrud P (1991) Adaptations by the arctic fox (*Alopex lagopus*) to the polar winter. Arctic 44: 132-138.
63. Ralls K, White PJ (1995) Predation on San Joaquin kit foxes by larger canids. Journal of Mammalogy 76: 723-729.
64. Sarmento P, Bandeira V, Gomes P, Carrapato C, Eira C, Fonseca C (2021) Adapt or perish: how the Iberian lynx reintroduction affects fox abundance and behaviour. Hystrix 32: 48-54.
65. Soe E, Davison J, Süld K, Valdmann H, Laurimaa L, Saarma U (2017) Europe-wide biogeographical patterns in the diet of an ecologically and epidemiologically important mesopredator, the red fox *Vulpes vulpes*: a quantitative review. Mammal Review 47: 198-211.
66. Soulsbury CD, Baker PJ, Iossa G, Harris S (2010) Red foxes (*Vulpes vulpes*). In Gehrt SD, Riley SPD, Cypher BL (Eds). Urban carnivores: ecology, conflict, and conservation. The Johns Hopkins University Press. pp. 63-73.
67. Takeuchi M, Koganezawa M (1994) Age distribution, sex ratio and mortality of the red fox *Vulpes vulpes* in Tochigi, central Japan: an estimation using a museum collection. Research on Population Ecology 36: 37-43.
68. Tomita K (2021) Camera traps reveal interspecific differences in the diel and seasonal patterns of cicada nymph predation. The Science of Nature 108: 52.
69. Tsukada H (1997) A division between foraging range and territory related to food distribution in the red fox. Journal of Ethology 15: 27-37.
70. Uraguchi K, Ueno M, Iijima H, Saitoh T (2014) Demographic analyses of a fox population suffering from sarcoptic mange. The Journal of Wildlife Management 78: 1356-1371.
71. Wikenros C, Aronsson M, Liberg O, Jarnemo A, Hansson J, Wallgren M, Sand H, Bergström R (2017) Fear or food–abundance of red fox in relation to occurrence of lynx and wolf. Scientific Reports 7: 9059.

第4章

72. 竹田津実(2013)キタキツネの十二か月—わたしのキツネ学・半世紀の足跡. 福音館書店.
73. 塚田英晴(1994)知床国立公園におけるキタキツネの生態およびその自然教育への活用に関する調査報告書. 知床博物館研究報告 15: 63-82.
74. Alvarez-Betancourt S (2016) Juvenile behavioural development and intra-litter hierarchy establishment in captive red fox cubs (*Vulpes vulpes*). Doctoral dissertation, University of Bristol.

47. Bird DJ, Amirkhanian A, Pang B, Van Valkenburgh B (2014) Quantifying the cribriform plate: influences of allometry, function, and phylogeny in Carnivora. The Anatomical Record 297: 2080-2092.
48. Bird DJ, Murphy WJ, Fox-Rosales L, Hamid I, Eagle RA, Van Valkenburgh B (2018) Olfaction written in bone: cribriform plate size parallels olfactory receptor gene repertoires in Mammalia. Proceedings of the Royal Society B: Biological Sciences 285:(1874), 20180100.
49. Enari H, Enari HS (2021) Not avian but mammalian scavengers efficiently consume carcasses under heavy snowfall conditions: a case from northern Japan. Mammalian Biology 101: 419-428.
50. Fiderer C, Göttert T, Zeller U (2019) Spatial interrelations between raccoons (*Procyon lotor*), red foxes (*Vulpes vulpes*), and ground-nesting birds in a special protection area of Germany. European Journal of Wildlife Research 65: 14.
51. Gonzálvez M, Martínez-Carrasco C, Sánchez-Zapata JA, Moleón M (2021) Smart carnivores think twice: red fox delays scavenging on conspecific carcasses to reduce parasite risk. Applied Animal Behaviour Science 243: 105462.
52. Gosselink TE, Van Deelen TR, Warner RE, Mankin PC (2007) Survival and cause-specific mortality of red foxes in agricultural and urban areas of Illinois. The Journal of Wildlife Management 71: 1862-1873.
53. Hisano M, Evans MJ, Soga M, Tsunoda H (2022) Red foxes in Japan show adaptability in prey resource according to geography and season: a meta-analysis. Ecological Research 37: 197-214.
54. Koike S, Morimoto H, Goto Y, Kozakai C, Yamazaki K (2012) Insectivory by five sympatric carnivores in cool-temperate deciduous forests. Mammal Study 37: 73-83.
55. Kondo A, Shiraki S (2012) Preferences for specific food species of the red fox *Vulpes vulpes* in Abashiri, eastern Hokkaido. Mammal Study 37: 43-46.
56. Lai S, Warret Rodrigues C, Gallant D, Roth JD, Berteaux D (2022) Red foxes at their northern edge: competition with the arctic fox and winter movements. Journal of Mammalogy 103: 586-597.
57. Macdonald DW (1976) Food caching by red foxes and some other carnivores. Zeitschrift für Tierpsychologie 42: 170-185.
58. Macdonald DW (1977) On food preference in the red fox. Mammal Review 7: 7-23.
59. Macdonald DW (1980) The red fox, *Vulpes vulpes*, as a predator upon earthworms, *Lumbricus terrestris*. Zeitschrift für Tierpsychologie 52: 171-200.
60. Newsome TM, Ripple WJ (2015) A continental scale trophic cascade from wolves through coyotes to foxes. Journal of Animal Ecology 84: 49-59.
61. Pamperin NJ, Follmann EH, Petersen B (2006) Interspecific killing of an arctic fox by a red fox at Prudhoe Bay, Alaska. Arctic 59: 361-364.

生研会報 5: 19-21.
29. 竹田津実(1973)「キタキツネ」その野生の記録II. アニマ4: 5-15.
30. 田名部雄一(1996)キツネの特性とその将来的利用. 畜産の研究50: 213-218.
31. 塚田英晴(2000)キタキツネ. 斜里町立知床博物館(編)知床のほ乳類I. 北海道新聞社. pp. 74-129.
32. 塚田英晴(2022)もうひとつのキタキツネ物語 キツネとヒトの多様な関係. 東京大学出版会.
33. 千葉俊二(編)(1996)新美南吉童話集. 岩波書店.
34. 中園敏之(1970)九州におけるホンドギツネの巣穴について2. 巣穴の構造4例. 哺乳動物学雑誌5: 45-49.
35. 松浦静山(中村幸彦・中野三敏校訂)(1978)甲子夜話4. 平凡社.
36. Castelló JR (2018) Canids of the world: wolves, wild dogs, foxes, jackals, coyotes, and their relatives. Princeton University Press.
37. Harris S, Baker P (2001) Urban foxes 2nd edition. Whittet Books.
38. Henry JD (1986, 1996) Red fox: the catlike canine. Smithsonian Books.
39. Macdonald DW (1987) Running with the fox. Unwin Hyman. 邦訳『野ギツネを追って』(デイヴィッド・マクドナルド著, 池田啓訳)平凡社.
40. Maekawa K, Yoneda M, Togashi H (1980) A preliminary study of the age structure of the red fox in Eastern Hokkaido. Japanese Journal of Ecology 30: 103-108.
41. Newton-Fisher N, Harris S, White P, Jones G (1993) Structure and function of red fox *Vulpes vulpes* vocalisations. Bioacoustics 5: 1–31.
42. Ohishi T, Uraguchi K, Abramov AV, Masuda R (2010) Geographical variations of the skull in the red fox *Vulpes vulpes* on the Japanese Islands: an exception to Bergmann's rule. Zoological Science 27: 939-945.
43. Seton ET (1909) Biography of a sliver fox or Domino Reynard of Goldur Town. 邦訳『シートン動物記 銀狐のドミノ』(アーネスト・T・シートン著, 今泉吉晴訳)童心社.
44. Statham MJ, Murdoch J, Janecka J, Aubry KB, Edwards CJ, Soulsbury CD, Berry O, Wang Z, Harrison D, Pearch M, Tomsett L, Chupasko J, Sacks BN (2014) Range-wide multilocus phylogeography of the red fox reveals ancient continental divergence, minimal genomic exchange and distinct demographic histories. Molecular Ecology 23: 4813-4830.
45. Wang X, Tedford RH (2008) Dogs: their fossil relatives and evolutionary history. Columbia University Press.

第3章

46. 山本祐治(1994)長野県入笠山におけるテン、キツネ、アナグマ、タヌキの食性分析. 自然環境科学研究7: 45-52.

参考文献

第1章

1. 石塚尊俊(1972)日本の憑きもの 俗信は今も生きている．未来社．
2. 一般社団法人日本動画協会(2022)アニメ大全．https://animedb.jp(2023年6月12日参照)
3. 金子準二(編)(1975)日本狐憑史資料集成．牧野出版社．
4. 高津春繁(訳)(1953)アポロドーロス ギリシア神話．岩波書店．
5. 高馬三良(訳)(1994)山海経 中国古代の神話世界．平凡社．
6. 桜井徳太郎(1972)昔ばなし―日本人の心のふるさと―改訂版．塙書房．
7. 笹間良彦(1998)怪異・きつね百物語．雄山閣出版．
8. 鈴木覺・福本直之・原野昇(訳)(2002)狐物語．岩波書店．
9. スタジオジブリ(編)(2015)ジブリの教科書8 総天然色漫画映画 平成狸合戦ぽんぽこ．文藝春秋．
10. 関敬吾(編)(1956)こぶとり爺さん・かちかち山―日本の昔ばなし(I)．岩波書店．
11. 関敬吾(編)(1956)桃太郎・舌きり雀・花さか爺―日本の昔ばなし(II)．岩波書店．
12. 関敬吾(編)(1957)一寸法師・さるかに合戦・浦島太郎―日本の昔ばなし(III)．岩波書店．
13. 高橋紳吾(1993)きつねつきの科学 そのとき何が起こっている？．講談社．
14. 谷口幸男(訳)(2017)オラウス・マグヌス北方民族文化誌(下巻)．溪水社．
15. 千葉集(2016)名馬であれば馬のうち．ディズニーのキツネ史:『ピノキオ』から『ズートピア』まで/前編．https://proxia.hateblo.jp/entry/2016/05/24/055317(2023年6月12日参照)
16. 中園敏之(1974)阿蘇のキツネ．学習研究社．
17. 中務哲朗(訳)(1999)イソップ寓話集．岩波書店．
18. 中村禎里(2008)動物たちの日本史．海鳴社．
19. 中村禎里(2017)狐の日本史 古代・中世びとの祈りと呪術．戎光祥出版．
20. 中村禎里(2020)狐付きと狐落とし．戎光祥出版．
21. 速水保孝(1999)憑きもの持ち迷信―その歴史的考察．明石書店．
22. 原田敏明・高橋貢(2000)日本霊異記．平凡社．
23. 原ゆたか(1987)かいけつゾロリのドラゴンたいじ．ポプラ社．
24. 森直樹(編)(2017)ぴあMOOK かいけつゾロリぴあ．ぴあ．
25. 柳田国男(1948)狐塚のこと．民間伝承12: 280-285.
26. Seton ET(1925-1928)Lives of game animals. 邦訳『シートン動物誌＜３＞キツネの家族論』(シートン著，今泉吉晴訳)紀伊國屋書店．
27. Wallen M(2006)Fox. Reaktion Books.

第2章

28. 大畑純二(1988)江津市内砂丘地に見られるホンドキツネの巣穴の内部構造．島根野

写真提供者一覧（五十音順）

本書の制作にあたり、下記の方々には貴重な写真のご提供を賜りました。ここに厚く御礼申し上げます。

旭川市旭山動物園 様
浦口宏二 様
キツネ写真館 CONTA 様
京都市動物園 様
駒ヶ岳・大沼森林ふれあい推進センター 様
知床世界遺産センター 様
城　亮輝 様
竹下　毅 様
Cheng-Ren 様
地方独立行政法人天王寺動物園 様
名古屋市東山動植物園 様
濱崎今日子 様
村上隆広 様
八木欣平 様
柳川　久 様
横浜市立よこはま動物園（ズーラシア） 様

《著　者》

塚田英晴（つかだ ひではる）

麻布大学獣医学部動物応用科学科教授、博士（行動科学）。野生動物学、動物行動学、野生動物保全管理学を専門とする。1968年岐阜県生まれ。1990年北海道大学文学部卒業後、北海道大学大学院文学研究科博士課程修了。学部・大学院時代はキタキツネと人間社会との関わりを研究し、1997～2000年は北海道大学大学院獣医学研究科寄生虫学教室にて、エキノコックス症の終宿主対策に関する研究に従事。2000～2015年、農林水産省草地試験場および農研機構畜産草地研究所に勤務し、牧場に生息する野生動物に関する研究に取り組む。2015年より麻布大学に着任、現在に至る。その他、国際学術誌「WILDLIFE BIOLOGY」SUBJECT EDITOR、動物の行動と管理学会庶務理事、日本哺乳類学会代議員などを務める。著書に『もうひとつのキタキツネ物語　キツネとヒトの多様な関係』（東京大学出版会）、『野生動物のロードキル』（共編著／東京大学出版会）、『これからの日本のジビエ　野生動物の適切な利活用を考える』（分担執筆／緑書房）、『野生動物の餌付け問題』（分担執筆／地人書館）など。

カバーイラスト　sirokumao
イラスト　真興社

野生動物学者が教える
キツネのせかい

Midori Shobo Co.,Ltd

2024年2月10日　第1刷発行

著　者…………………………塚田英晴
発行者…………………………森田浩平
発行所…………………………株式会社 緑書房
〒103-0004
東京都中央区東日本橋3丁目4番14号
TEL　03-6833-0560
https://www.midorishobo.co.jp
編　集…………………………三井麻梨香、井上未佳子、德田ののか
デザイン………………………メルシング
印刷所…………………………図書印刷

ISBN978-4-89531-938-6　Printed in Japan